21 世纪面向新工科建设实验系列教材

计算机网络实验教程

主　编　杨斯博
副主编　谷　鑫　袁学民

天津大学出版社
TIANJIN UNIVERSITY PRESS

图书在版编目(CIP)数据

计算机网络实验教程 / 杨斯博主编. —天津：天津大学
出版社，2019.1
ISBN 978-7-5618-6349-7

Ⅰ.①计…　Ⅱ.①杨…　Ⅲ.①计算机网络—教材
Ⅳ.①TP393

中国版本图书馆CIP数据核字(2019)第017716号

出版发行	天津大学出版社
地　　址	天津市卫津路92号天津大学内(邮编:300072)
电　　话	发行部:022-27403647
网　　址	publish.tju.edu.cn
印　　刷	北京虎彩文化传播有限公司
经　　销	全国各地新华书店
开　　本	169mm×239mm
印　　张	9.75
字　　数	213千
版　　次	2019年3月第1版
印　　次	2019年3月第1次
定　　价	29.00元

凡购本书，如有缺页、倒页、脱页等质量问题，烦请与我社发行部门联系调换

版权所有　　侵权必究

序　言

2017 年 2 月，教育部发布了《教育部高等教育司关于开展新工科研究与实践的通知》，"新工科"被归纳为"五个新"，即工程教育的新理念、学科专业的新结构、人才培养的新模式、教育教学的新质量、分类发展的新体系。与"老工科"相比，"新工科"更强调学科的实用性、交叉性与综合性，尤其注重信息通信、电子控制、软件设计等新技术与传统工业技术的紧密结合。正因为如此，加快建设和发展"新工科"，培养新经济急需的紧缺人才，培养引领未来技术和产业发展的人才，已经成为全社会的共识。

随着 21 世纪全球信息化的发展，计算机网络在"新工科"建设背景下扮演着越来越重要的角色。作为一项基础性技术，它与云计算、物联网、大数据、网络空间安全等前沿技术均有着密切与广泛的联系。随着当前社会对计算机类人才需求的不断增加，计算机网络技术已成为当代大学生必须掌握的基础性技能。计算机网络课程作为计算机类、通信类相关专业的专业必修课程，对学生的理论知识、实践能力、应用技能均有较高的要求。因此，如何使学生在学习计算机网络基础理论知识的同时，锻炼学生的计算机网络实践能力、培养学生的计算机网络实用技能是一个值得深入研究和探讨的问题。

本实验教材结合编者多年的计算机网络教学经验，按照"新工科"建设的基本要求，针对计算机类、通信类相关专业在计算机网络实践教学中的实际需求设计了不同的实验内容。学生可在学习"计算机网络"理论课程的同时，应用网络基本理论、协议和技术来指导实验，反过来又可以通过实验加深对于网络理论、协议和技术的理解，从而使得课堂教学和实验教学形成良性互动，使学生真正掌握计算机网络的基本概念、理论和技术，具备运用 Cisco 网络设备（基于 Cisco Packet Tracer 软件）解决各种实际网络管理问题的能力，成为实用的专业人才。

本实验教材适合作为高等院校计算机类、通信类等相关专业本科"计算机网络"理论课程的配套实验教材，也可作为工程技术人员的相关参考书。

编　者
2018 年 7 月

前　言

计算机网络是现代信息社会最重要的基础设施之一,在过去的几十年里得到了迅速的发展,在社会、经济、文化等各个领域得到了广泛的应用,渗透到了人类的生活、工作、娱乐、学习等活动之中,逐步成为现代人的"第五基本需求"。

计算机网络是综合计算机软硬件技术和通信技术的一门跨专业学科,具有很强的实践性。现在大多数计算机网络教材都对算机网络发展、通信基础知识、网络体系结构、协议、局域网组网等内容进行深入介绍,这些内容理论性较强,相对枯燥,学生对计算机网络的认识大多停留在理论课本上,这样学生对计算机网络课程的学习兴趣也会降低。

编写本书的编写目的是使学生在学习计算机网络理论课程的同时,通过在 Cisco Packet Tracer 模拟环境中的同步实验教学,增强学生对计算机网络的基本知识和理论的深入理解,使学生掌握基础的网络组件技术,深入理解网络功能及网络体系结构各层之间的关系,掌握 Internet 基本应用,熟悉网络常用工具命令及其功能。

本书内容以计算机网络 5 层协议体系结构为参考,涉及物理层(第 1 章)、链路层(第 2~5 章)、网络层(第 6~11 章)、传输层(第 12 章)、应用层(第 13 章)以及其他相关知识(第 14、15 章)。全书共分为 15 章,覆盖了网络命令及网络布线、协议分析、交换机配置、虚拟局域网配置、快速生成树配置、路由器配置、网络地址转换、无线局域网配置、应用服务器配置和计算机网络发展前沿等实验内容。

本书图文并茂,从实验目标、知识要点和实验步骤三个方面对每一个实验进行深入讨论,不仅对实验步骤有详细介绍,而且对实验中要用到的一些技术原理也有详细说明,力求做到"实验以理论为基础,理论靠实验来巩固"。学生在使用本书时可将理论原理与实验操作结合起来,从而加深对实验课程原理的理解。

本书可作为高等院校计算机类、通信类等相关专业本科计算机网络课程的辅助教材,建议授课学时为 32~60 学时,目录中标 * 的章节为可选实验内容,教师可根据教学大纲要求和学时安排进行取舍。

编　者

2018 年 8 月于天津大学

目　　录

第1章　常用的网络命令与网线制作

1.1　实验目标

（1）熟悉常用的 Windows 操作系统网络命令，掌握常用的网络命令的使用方法。

（2）参照 EIA/TIA T568-B（或 T568-A）国际标准，学习使用五类双绞线制作网络直通线和网络交叉线的方法。

1.2　相关知识要点

1.2.1　常用的 Windows 操作系统网络命令

常用的网络命令见表 1-1 至表 1-10，分别为 hostname、ping、ipconfig、shutdown、tracert、pathping、netstat、nslookup、arp、route。

表 1-1　hostname 命令

命令	hostname
说明	打印当前主机的名称
用法	hostname
选项及说明	—
示例及说明	> hostname 打印当前主机的名称

表 1-2　ping 命令

命令	ping
说明	利用 ping 命令可以检查网络是否联通，可以分析和判定网络故障
用法	ping [-t] [-a] [-n count] [-l size] [-f] [-i TTL] [-v TOS] [-r count] [-s count] [[-j host-list] | [-k host-list]] [-w timeout] [-R] [-S srcaddr] [-c compartment] [-p] [-4] [-6] target_name

选项及说明	-t ping 指定的主机,直到停止。若要查看统计信息并继续操作,请键入 Ctrl+Break;若要停止,请键入 Ctrl+C -a 将地址解析为主机名 -n count 要发送的回显请求数 -l size 发送缓冲区大小 -f 在数据包中设置"不分段"标记(仅适用于 IPv4) -i TTL 生存时间 -v TOS 服务类型(仅适用于 IPv4。该设置已被弃用,对 IP 标头中的服务类型字段没有任何影响) -r count 记录计数跃点的路由(仅适用于 IPv4) -s count 计数跃点的时间戳(仅适用于 IPv4) -j host-list 与主机列表一起使用的松散源路由(仅适用于 IPv4) -k host-list 与主机列表一起使用的严格源路由(仅适用于 IPv4) -w timeout 等待每次回复的超时时间(ms) -R 同样使用路由标头测试反向路由(仅适用于 IPv6)。根据 RFC 5095,已弃用此路由标头。如果使用此标头,某些系统可能丢弃回显请求 -S srcaddr 要使用的源地址 -c compartment 路由分段标识符 -p Ping Hyper-V 网络虚拟化提供程序地址 -4 强制使用 IPv4 -6 强制使用 IPv6

示例及 说明	> ping -t 192.168.0.1 检验与 IP 地址为 192.168.0.1 的主机的连接，直到用户中断 > ping -a 192.168.0.1 将 IP 地址 192.168.0.1 解析为计算机名 > ping -n 50 192.168.0.1 向 IP 地址为 192.168.0.1 的主机发送 50 个 ICMP 数据包 > ping -l 100 192.168.0.1 向 IP 地址为 192.168.0.1 的主机发送大小为 100 B 的 ICMP 数据包 > ping -n 1 -r 3 www.sina.com.cn 向 www.sina.com.cn 发送 1 个 ICMP 数据包，且记录下 3 个路由

表 1-3　ipconfig 命令

命令	ipconfig
说明	显示当前的 TCP/IP 配置的设置值
用法	ipconfig [/allcompartments] [/?	/all	/renew [adapter]	/release [adapter]	/renew6 [adapter]	/release6 [adapter]	/flushdns	/displaydns	/registerdns	/showclassid adapter	/setclassid adapter [classid]	/show-classid6 adapter	/setclassid6 adapter [classid]]
选项及说明	/all 显示完整的配置信息 /release 释放指定适配器的 IPv4 地址 /release6 释放指定适配器的 IPv6 地址 /renew 更新指定适配器的 IPv4 地址 /renew6 更新指定适配器的 IPv6 地址 /flushdns 清除 DNS 解析程序缓存的内容 /registerdns 刷新所有 DHCP 租用并重新注册 DNS 名称 /displaydns 显示 DNS 解析程序缓存的内容 /showclassid 显示适配器允许的所有 DHCP 类 ID /setclassid 修改 DHCP 类 ID /showclassid6 显示适配器允许的所有 IPv6 DHCP 类 ID /setclassid6 修改 IPv6 DHCP 类 ID

续表

示例及说明	> ipconfig 显示信息 > ipconfig /all 显示详细信息 > ipconfig /renew 更新所有适配器 > ipconfig /renew EL* 更新所有名称以 EL 开头的连接 > ipconfig /release *Con* 释放所有匹配的连接，例如"有线以太网连接 1"或"有线以太网连接 2" > ipconfig /allcompartments 显示有关所有分段的信息 > ipconfig /allcompartments /all 显示有关所有分段的详细信息

表 1-4　shutdown 命令

命令	shutdown
说明	安全地将系统关机
用法	shutdown [/i | /l | /s | /sg | /r | /g | /a | /p | /h | /e | /o] [/hybrid] [/soft] [/fw] [/f] [/m \\computer][/t xxx][/d [p|u:]xx:yy [/c "comment"]]
选项及说明	/i 显示图形用户界面（GUI）。这必须是第一个选项 /l 注销。不能与 /m 或 /d 选项一起使用 /s 关闭计算机 /sg 关闭计算机。在下一次启动时，重启任何注册的应用程序 /r 完全关闭并重新启动计算机 /g 完全关闭并重新启动计算机。在重新启动系统后，重启任何注册的应用程序 /a 中止系统关闭。这只能在超时期间使用。与 /fw 结合使用，以清除任何未完成的至固件的引导 /p 关闭本地计算机，没有超时或警告。可以与 /d 或 /f 选项一起使用 /h 休眠本地计算机。可以与 /f 选项一起使用 /hybrid 执行计算机关闭并进行准备以快速启动。必须与 /s 选项一起使用 /fw 与关闭选项结合使用，使下次启动转到固件用户界面

续表

选项及说明	/e 记录计算机意外关闭的原因 /o 转到高级启动选项菜单并重新启动计算机。必须与 /r 选项一起使用 /m \\computer 指定目标计算机 /t xxx 将关闭前的超时时间设置为 xxx s。有效范围是 0~315360000（10 年），默认值为 30。如果超时时间大于 0，则默认显示 /f 参数 /c "comment" 有关重新启动或关闭的原因的注释。最多允许 512 个字符 /f 强制关闭正在运行的应用程序而不事先警告用户。如果为 /t 参数指定大于 0 的值，则默认显示 /f 参数 /d [p|u:]xx:yy 提供重新启动或关闭的原因。p 指示重启或关闭是计划内的。u 指示原因是用户定义的。如果未指定 p 也未指定 u，则重新启动或关闭是计划外的。xx 是主要原因编号（小于 256 的正整数）。yy 是次要原因编号（小于 65536 的正整数）
示例及说明	> shutdown -s -t 1320 系统在 22 min 后关闭 > shutdown -a 中止系统关闭

表 1-5　tracert 命令

命令	tracert
说明	检查到达的目标 IP 地址的路径
用法	tracert [-d] [-h maximum_hops] [-j host-list] [-w timeout] [-R] [-S srcaddr] [-4] [-6] target_name
选项及说明	-d 不将地址解析成主机名 -h maximum_hops 搜索目标的最大跃点数 -j host-list 与主机列表一起使用的松散源路由（仅适用于 IPv4） -w timeout 等待每个回复的超时时间（以 ms 为单位） -R 跟踪往返行程路径（仅适用于 IPv6） -S srcaddr 要使用的源地址（仅适用于 IPv6） -4 强制使用 IPv4 -6 强制使用 IPv6

示例及说明	> tracert -d www.sina.com.cn 更快地显示本机到 www.sina.com.cn 的路由路径 > tracert –h 3 www.sina.com.cn 显示本机到 www.sina.com.cn 路径中的前 3 个路由

表 1-6　pathping 命令

命令	pathping
说明	一个路由跟踪工具,它将 ping 和 tracert 命令的功能和这两个工具所不提供的其他信息结合起来
用法	pathping [-g host-list] [-h maximum_hops] [-i address] [-n] [-p period] [-q num_queries] [-w timeout] [-4] [-6] target_name
选项及说明	-g host-list 与主机列表一起使用的松散源路由 -h maximum_hops 搜索目标的最大跃点数 -i address 使用指定的源地址 -n 不将地址解析成主机名 -p period 两次 ping 之间等待的时间(以 ms 为单位) -q num_queries 每个跃点的查询数 -w timeout 每次回复等待的超时时间(以 ms 为单位) -4 强制使用 IPv4 -6 强制使用 IPv6
示例及说明	> pathping -n www.sina.com.cn 更快地显示本机到 www.sina.com.cn 的路由路径

表 1-7　netstat 命令

命令	netstat
说明	显示协议统计信息和当前 TCP/IP 网络连接
用法	netstat [-a] [-b] [-e] [-f] [-n] [-o] [-p proto] [-r] [-s] [-x] [-t] [interval]
选项及说明	-a 显示所有连接和侦听端口 -b

选项及说明	显示创建连接或侦听端口时涉及的可执行程序。在某些情况下，已知可执行程序承载多个独立的组件，则显示创建连接或侦听端口时涉及的组件序列。在此情况下，可执行程序的名称位于底部[]中，它调用的组件位于顶部，直至达到 TCP/IP。注意，此选项可能很耗时，在没有足够权限时可能失败 -e 显示以太网统计信息。此选项可以与 -s 选项结合使用 -f　显示外部地址的完全限定域名（FQDN） -n 以数字形式显示地址和端口号 -o 显示拥有的与每个连接关联的进程 ID -p proto 显示 proto 指定的协议的连接，proto 可以是下列任何一个：TCP、UDP、TCPv6 或 UDPv6。与 -s 选项一起显示每个协议的统计信息，proto 可以是下列任何一个：IP、IPv6、ICMP、ICMPv6、TCP、TCPv6、UDP 或 UDPv6 -q 显示所有连接、侦听端口和绑定的非侦听 TCP 端口。绑定的非侦听端口不一定与活动连接相关联 -r 显示路由表 -s 显示每个协议的统计信息。在默认情况下，显示 IP、IPv6、ICMP、ICMPv6、TCP、TCPv6 和 UDPv6 的统计信息；-p 选项可用于指定默认的子网 -t 显示当前连接的卸载状态 -x 显示 NetworkDirect 连接、侦听器和共享终结点 -y 显示所有连接的 TCP 连接模板。无法与其他选项结合使用 interval 重新显示选定的统计信息，并指定各个显示间暂停的间隔秒数。按【Ctrl+C】停止重新显示统计信息。如果省略，则 netstat 将打印当前的配置信息一次
示例及说明	> netstat 显示协议统计信息和当前 TCP/IP 网络连接

表 1-8　nslookup 命令

命令	nslookup
说明	查询一台机器的 IP 地址和对应的域名
用法	nslookup [-opt ...]　　　　　# 使用默认服务器的交互模式 nslookup [-opt ...] - server　　# 使用 "server" 的交互模式 nslookup [-opt ...] host　　　# 仅查找使用默认服务器的 "host" nslookup [-opt ...] host server　# 仅查找使用 "server" 的 "host"

续表

选项及说明	—
示例及说明	> nslookup www.sina.com.cn 显示 www.sina.com.cn 对应的 IP 地址

表 1-9　arp 命令

命令	arp
说明	显示和修改地址解析协议（ARP）使用的"IP 到物理"地址转换表
用法	arp -s inet_addr eth_addr [if_addr] arp -d inet_addr [if_addr] arp -a [inet_addr] [-N if_addr] [-v]
选项及说明	-a 通过询问当前协议数据，显示当前 ARP 项。如果指定 inet_addr，则只显示指定计算机的 IP 地址和物理地址。如果不止一个网络接口使用 ARP，则显示每个 ARP 表的项 -g 与 -a 相同 -v 在详细模式下显示当前 ARP 项。所有无效项和环回接口上的项都将显示 inet_addr 指定 Internet 地址 -N if_addr 显示 if_addr 指定的网络接口的 ARP 项 -d 删除 inet_addr 指定的主机。inet_addr 可以是通配符 *，以删除所有主机 -s 添加主机并且将 Internet 地址 inet_addr 与物理地址 eth_addr 相关联。物理地址是用连字符分隔的 6 个十六进制字节。该项是永久的 eth_addr 指定物理地址 if_addr 如果存在，此项指定地址转换表应修改的接口的 Internet 地址。如果不存在，则使用第一个适用的接口
示例及说明	> arp -s 157.55.85.212　00-aa-00-62-c6-09 添加静态项 > arp -a 显示 ARP 表

表 1-10　route 命令

命令	route
说明	操作网络路由表
用法	route [-f] [-p] [-4|-6] command [destination] [MASK netmask] [gateway] [METRIC metric] [IF interface]

选项及说明	-f 清除所有网关项的路由表。如果与某个命令结合使用,在运行该命令前应清除路由表 -p 与 ADD 命令结合使用时,将路由设置为在系统引导期间保持不变。在默认情况下,重新启动系统时不保存路由。所有其他的命令都忽略此参数,这始终会影响相应的永久路由 -4 强制使用 IPv4 -6 强制使用 IPv6 command PRINT 打印路由,ADD 添加路由,DELETE 删除路由,CHANGE 修改现有路由 destination 指定主机 MASK 指定下一个参数为 "netmask" 值 netmask 指定此路由项的子网掩码值。如果未指定,默认设置为 255.255.255.255 gateway 指定网关 interface 指定路由的接口号码 METRIC 指定跃点数,例如目标的成本
示例及说明	> route PRINT 157* 只打印路由表中匹配 157* 的项 > route ADD 192.168.1.0 MASK 255.255.255.0 192.168.1.1 METRIC 1 向路由表增加一路由信息

1.2.2　网络布线标准与类型

目前,在10BaseT、100BaseT 以及 1000BaseT 网络中,国际上最常使用的网络布线标准有两个,即 EIA/TIA 568A 标准和 EIA/TIA 568B 标准。EIA/TIA 568A 标准描述的线序从左到右依次为白绿、绿、白橙、蓝、白蓝、橙、白棕、棕,EIA/TIA 568B 标准描述的线序从左到右依次为白橙、橙、白绿、蓝、白蓝、绿、白棕、棕,具体见表 1-11。

表 1-11　EIA/TIA 568A 和 EIA/TIA 568B 标准

标准 \ 线序	1	2	3	4	5	6	7	8
EIA/TIA 568A	白绿	绿	白橙	蓝	白蓝	橙	白棕	棕

续表

标准　　　　线序	1	2	3	4	5	6	7	8
EIA/TIA 568B	白橙	橙	白绿	蓝	白蓝	绿	白棕	棕
绕对	同一绕对		与6同一绕对	同一绕对		与3同一绕对	同一绕对	

EIA/TIA 568A 标准的 1、3 线序对调，2、6 线序对调后就变成了 EIA/TIA 568B 标准。

两端 RJ-45 头中的线序排列完全相同的网线，称为直连线（Straight Cable）或直通线，业内直连线一般均采用 EIA/TIA 568B 标准，通常只适用于不同设备间的互连（如计算机与交换机之间的连接）。当使用双绞线直接连接两台相同的设备时（如计算机互连），用交叉线，即网线两端分别采用两种标准，一端采用 EIA/TIA 568B 标准，另一端采用 EIA/TIA 568A 标准。

1.3　实验内容与步骤

实验 1.1　常用的 Windows 操作系统网络命令

【实验器材】

安装有 Windows 操作系统且接入互联网的计算机 1 台。

【实验步骤】

步骤 1：打开"开始"菜单→选择"运行"→输入"cmd"→"确定"，打开命令提示符。

步骤 2：输入"hostname"，打印当前主机的名称，如图 1-1 所示。

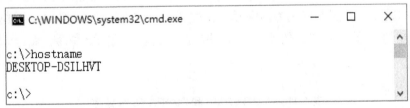

图 1-1　"hostname"命令的执行结果

步骤 3：输入"ping 127.0.0.1"，测试本机 TCP/IP 协议栈是否正常，如图 1-2 所示。

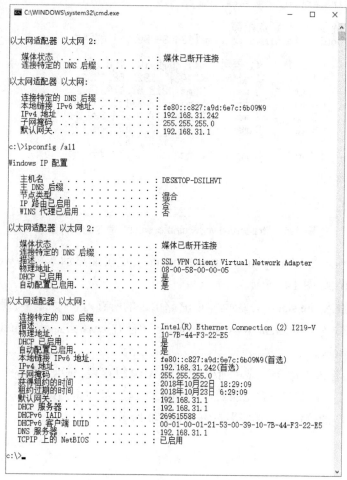

图 1-2　"ping 127.0.0.1"命令的执行结果

步骤 4：输入"ipconfig"，显示所有适配器的基本 TCP/IP 配置；输入"ipconfig /all"，显示所有适配器的完整 TCP/IP 配置，如图 1-3 所示。

图 1-3　"ipconfig"命令的执行结果

步骤 5:输入“shutdown -a”,中止系统关机,如图 1-4 所示。

C:\WINDOWS\system32\cmd.exe
c:\>shutdown -a
因为没有任何进行中的关机过程，所以无法中止系统关机。(1116)
c:\>

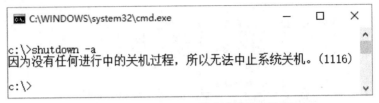

图 1-4 “shutdown -a”命令的执行结果

步骤 6:输入“tracert -d www.sina.com.cn”,更快地显示本机到 www.sina.com.cn 的路由路径,如图 1-5 所示。

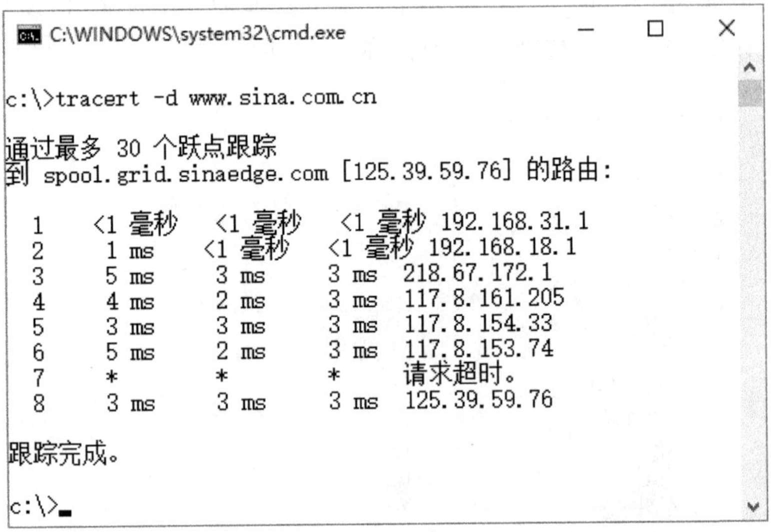

C:\WINDOWS\system32\cmd.exe
c:\>tracert -d www.sina.com.cn
通过最多 30 个跃点跟踪
到 spool.grid.sinaedge.com [125.39.59.76] 的路由:
1 <1 毫秒 <1 毫秒 <1 毫秒 192.168.31.1
2 1 ms <1 毫秒 <1 毫秒 192.168.18.1
3 5 ms 3 ms 3 ms 218.67.172.1
4 4 ms 2 ms 3 ms 117.8.161.205
5 3 ms 3 ms 3 ms 117.8.154.33
6 5 ms 2 ms 3 ms 117.8.153.74
7 * * * 请求超时。
8 3 ms 3 ms 3 ms 125.39.59.76
跟踪完成。
c:\>

图 1-5 “tracert -d www.sina.com.cn”命令的执行结果

步骤 7:输入“pathping -n www.sina.com.cn”,更快地显示本机到 www.sina.com.cn 的路由路径,如图 1-6 所示。

步骤 8:输入“netstat -r”,显示本机 IP 路由表的所有内容,如图 1-7 所示。

步骤 9:输入“nslookup www.sina.com.cn”,查看 www.sina.com.cn 对应的 IP 地址,如图 1-8 所示。

步骤 10:输入“arp -a”,显示所有接口的 ARP 缓存表,显示本机的 ARP 缓存表;输入“arp -a -n 192.168.31.242”(192.168.31.242 为主机 IP),显示 IP 地址为 192.168.31.242 的接口的 ARP 缓存表,如图 1-9 所示。

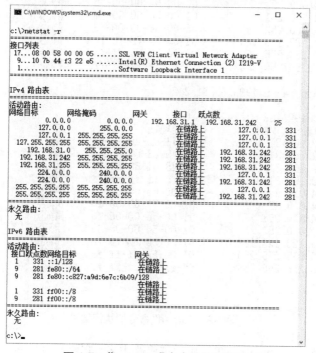

```
█ C:\WINDOWS\system32\cmd.exe                    ─    □    ×

c:\>pathping -n www.sina.com.cn

通过最多 30 个跃点跟踪
到 spool.grid.sinaedge.com [111.161.78.93] 的路由:
  0   192.168.31.242
  1   192.168.31.1
  2   192.168.18.1
  3   218.67.172.1
  4   117.8.161.205
  5   117.8.151.33
  6   61.181.25.54
  7   60.28.171.22
  8      *
正在计算统计信息，已耗时 175 秒...
                指向此处的源    此节点/链接
跃点   RTT   已丢失/已发送 = Pct 已丢失/已发送 = Pct  地址
  0                                          192.168.31.242
                              0/ 100 =  0%    |
  1   0ms    0/ 100 =  0%    0/ 100 =  0%   192.168.31.1
                              0/ 100 =  0%    |
  2   1ms    0/ 100 =  0%    0/ 100 =  0%   192.168.18.1
                              0/ 100 =  0%    |
  3   2ms    0/ 100 =  0%    0/ 100 =  0%   218.67.172.1
                              0/ 100 =  0%    |
  4   2ms    0/ 100 =  0%    0/ 100 =  0%   117.8.161.205
                              0/ 100 =  0%    |
  5   2ms    0/ 100 =  0%    0/ 100 =  0%   117.8.151.33
                              0/ 100 =  0%    |
  6   5ms    0/ 100 =  0%    0/ 100 =  0%   61.181.25.54
                              0/ 100 =  0%    |
  7   4ms    0/ 100 =  0%    0/ 100 =  0%   60.28.171.22

跟踪完成。

c:\>_
```

图 1-6　"pathping -n www.sina.com.cn"命令的执行结果

```
█ C:\WINDOWS\system32\cmd.exe                    ─    □    ×

c:\>netstat -r
===========================================================================
接口列表
 17...08 00 58 00 00 05 ......SSL VPN Client Virtual Network Adapter
  9...10 7b 44 f3 22 e5 ......Intel(R) Ethernet Connection (2) I219-V
  1...........................Software Loopback Interface 1
===========================================================================

IPv4 路由表
===========================================================================
活动路由:
网络目标        网络掩码          网关        接口      跃点数
      0.0.0.0          0.0.0.0    192.168.31.1   192.168.31.242    25
    127.0.0.0        255.0.0.0         在链路上      127.0.0.1    331
    127.0.0.1  255.255.255.255         在链路上      127.0.0.1    331
127.255.255.255  255.255.255.255       在链路上      127.0.0.1    331
   192.168.31.0  255.255.255.0         在链路上   192.168.31.242   281
 192.168.31.242  255.255.255.255       在链路上   192.168.31.242   281
 192.168.31.255  255.255.255.255       在链路上   192.168.31.242   281
      224.0.0.0        240.0.0.0       在链路上      127.0.0.1    331
      224.0.0.0        240.0.0.0       在链路上   192.168.31.242   281
255.255.255.255  255.255.255.255       在链路上      127.0.0.1    331
255.255.255.255  255.255.255.255       在链路上   192.168.31.242   281
===========================================================================
永久路由:
无

IPv6 路由表
===========================================================================
活动路由:
接口跃点数网络目标              网关
  1   331 ::1/128                  在链路上
  9   281 fe80::/64                在链路上
  9   281 fe80::c827:a9d:6e7c:6b09/128  在链路上
  1   331 ff00::/8                 在链路上
  9   281 ff00::/8                 在链路上
===========================================================================
永久路由:
无

c:\>_
```

图 1-7　"netstat -r"命令的执行结果

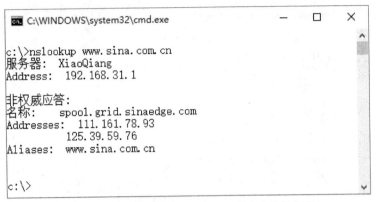

图 1-8　"nslookup www.sina.com.cn"命令的执行结果

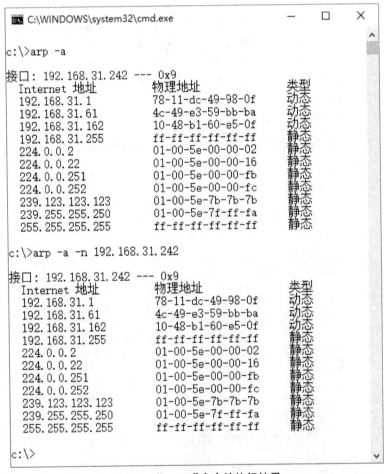

图 1-9　"arp -a"命令的执行结果

步骤 11：输入"route PRINT"，显示本机路由表，如图 1-10 所示。

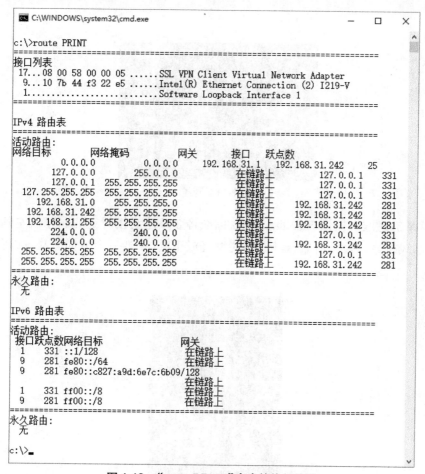

图 1-10 "route PRINT"命令的执行结果

至此,本实验结束。

实验 1.2 直连线与交叉线制作

【实验器材】

5 类非屏蔽双绞线 2 根、RJ-45 水晶头 4 个、压线钳 1 把、测线仪 1 部。

【实验步骤】

步骤 1:用压线钳的剪线刀口将双绞线端口剪齐。

步骤 2:剥线。将双绞线放入压线钳的剥线刀处,前端顶住压线钳的限制板,刀口距端头约 1.5 cm。稍微握紧压线钳手柄并慢慢旋转,用剥线刀切开双绞线的线缆外被,然后拔下胶皮。将线缆外被向后拉扯约 0.5 cm,剪除多余的撕裂绳,如图 1-11

所示。

图 1-11　剥线

　　步骤 3：理线。按照 EIA/TIA 568B 标准将 8 条芯线按规定的顺序从左到右排好，将芯线拉直、压平、挤紧、理顺，不能缠绕或重叠，要朝一个方向紧靠，如图 1-12 所示。

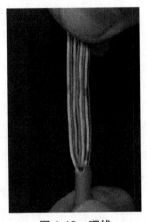

图 1-12　理线

　　步骤 4：剪线。用压线钳的剪线刀口将 8 条芯线端口剪齐，保留约 1.4 cm，如图 1-13 所示。

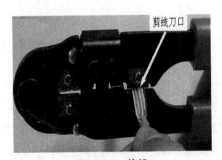

图 1-13　剪线

步骤 5:插线。一只手拿水晶头(弹片朝下,金属片朝上),另一只手将双绞线插入水晶头内的线槽,一直插到线槽的顶端,如图 1-14 所示。

图 1-14　插线

步骤 6:压线。将水晶头插入压线钳的压线口,握紧手柄,将突出在外的针脚压入水晶头内,如图 1-15 所示。

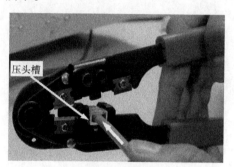

图 1-15　压线

步骤 7:重复以上步骤,制作另一端接口。

步骤 8:测线。将网线的两端分别接入测线仪的主机和子机中的 RJ-45 接口,打开测线仪开关,观察主机和子机的测试指示灯,如果按照同样的顺序亮灯,表明直连线制作成功,如图 1-16 所示。

图 1-16　测线

步骤9：根据以上步骤制作交叉线，双绞线的一端应采用 EIA/TIA 568A 标准，另一端则采用 EIA/TIA568B 标准。测线仪中主机测试指示灯按照 12345678 的顺序亮灯，而子机测试指示灯按照 36145278 的顺序亮灯，表明成功。

至此，本实验结束。学生在实验结束后，按照实验报告格式要求书写实验报告。

扫一扫：实验报告模版

第 2 章　链路层协议分析

2.1　实验目标

（1）分析 Ethernet V2 标准规定的 MAC 层帧结构。

（2）了解 IEEE 802.3 标准规定的 MAC 层帧结构。

（3）掌握 TCP/IP 的主要协议和协议的层次结构。

（4）学习使用 Wireshark 软件截获链路层报文并分析。

2.2　相关知识要点

Ethernet V2 帧和 IEEE 802.3 帧是当前局域网里最常见的两种帧,从图 2-1 至图 2-3 中可以看出,Ethernet V2 可以装载的最大数据长度是 1 500 B,而 IEEE 802.3 可以装载的最大数据长度是 1 492 B(SNAP)或 1 497 B;Ethernet V2 不提供 MAC 层的数据填充功能,而 IEEE 802.3 不仅提供该功能,还具备服务访问点(SAP)和 SNAP 层,能够提供更有效的数据链路层控制和更好的传输保证。那么可以得出这样的结论:Ethernet V2 比 IEEE 802.3 更适合传输大量的数据,但 Ethernet V2 缺乏对数据链路层的控制,不利于传输需要严格传输控制的数据。这正是 IEEE 802.3 的优势所在,越需要严格传输控制的应用,越需要用 IEEE 802.3 或 SNAP 来封装,但 IEEE 802.3 也不可避免地带来了数据装载量的损失,因此该格式的封装往往用在承载较少数据量但又需要严格控制传输的应用中。在实际应用中会发现,大多数应用的以太网数据包是 Ethernet V2 的帧(如 HTTP、FTP、SMTP、POP3 等应用),而交换机之间的 BPDU(桥协议数据单元)数据包则是 IEEE 802.3 的帧,VLAN Trunk 协议如 802.1Q 和 Cisco 的 CDP(思科发现协议)等则是采用 IEEE 802.3 SNAP 的帧,如图 2-4 所示。

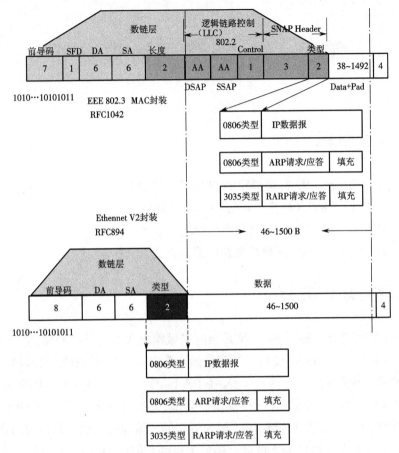

图 2-1　Ethernet V2 帧与 IEEE 802.3 帧的比较

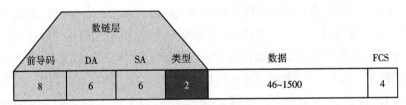

图 2-2　Ethernet V2 帧

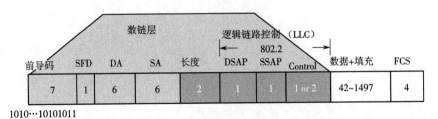

图 2-3　IEEE 802.3 帧

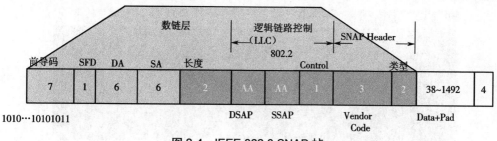

图 2-4 IEEE 802.3 SNAP 帧

2.3 实验内容与步骤

实验 2.1 使用 Wireshark 截获消息报文并分析

【实验器材】

计算机 2 台、交换机 1 台。

【实验步骤】

步骤 1:按图 2-5 连接好设备,配置计算机 PC-A 的 IP 地址为 192.168.1.21,子网掩码为 255.255.255.0,配置计算机 PC-B 的 IP 地址为 192.168.1.22,子网掩码为 255.255.255.0。清空交换机配置。

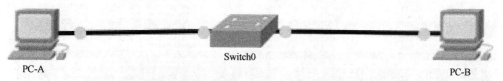

图 2-5 使用 Wireshark 截获消息报文并分析实验的网络拓扑图

步骤 2:配置 PC-A 和 PC-B 的系统设置,使它们支持 net send 或 msg 命令。

步骤 3:在 PC-A 和 PC-B 上运行 Wireshark 截获报文,然后进入 PC-A 的 Windows 命令行窗口,执行 "net send 192.168.1.22 Hello" 命令(Windows XP 操作系统)或 "msg /server:192.168.1.22 * Hello" 命令(Windows 7 及以上操作系统)。PC-B 会收到并弹出消息,如图 2-6 和图 2-7 所示。

图 2-6　PC-A 中"net send 192.168.1.22 Hello"命令的执行结果

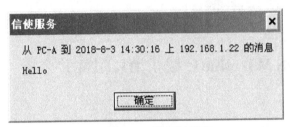

图 2-7　PC-B 收到的消息

步骤 4：在 PC-B 中截获的报文如图 2-8 所示，可以分析获得表 2-1 所示的信息。

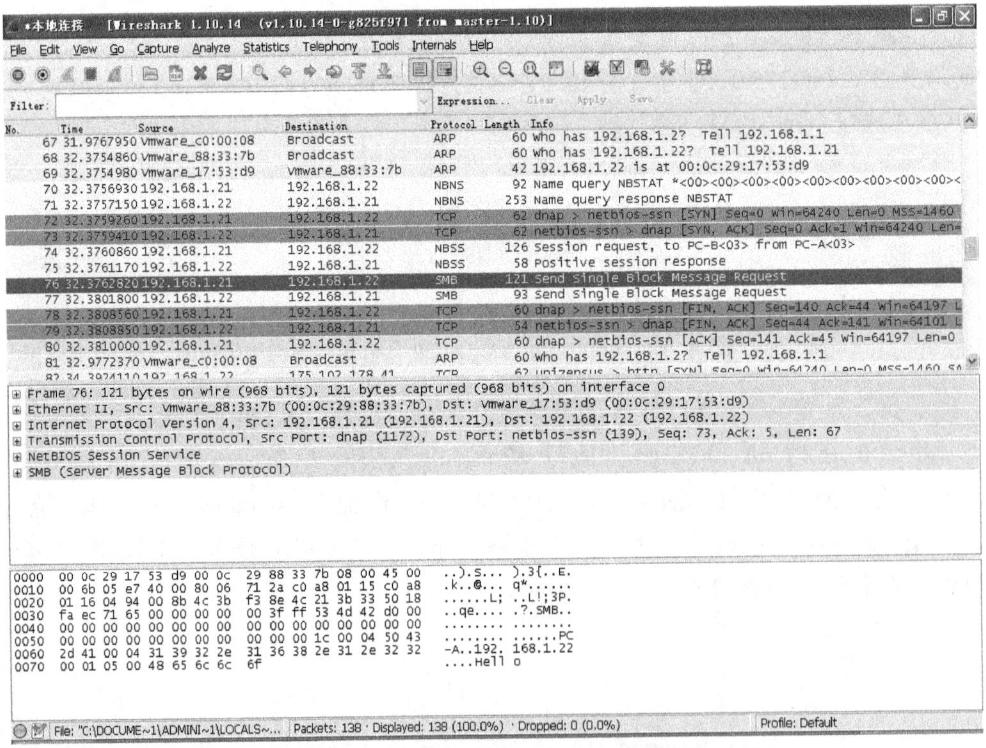

图 2-8　Wireshark 在 PC-B 上的截获结果

表 2-1　报文分析

报文类型		SMB
报文基本信息（数据报文列表窗口中 Information 项的内容）		Send Single Block Message Request
Ethernet Ⅱ 协议树	Source 字段值	00：0c：29：88：33：7b
	Destination 字段值 00：0c：29：17：53：d9	
Internet Protocol 协议树	Source 字段值	192.168.1.21
	Destination 字段值	192.168.1.22
User Datagram Protocol 协议树	Source Port 字段值	dnap（1172）
	Destination Port 字段值	netbios-ssn（139）
应用层协议树	协议名称	SMB（Server Message Block Protocol）
	包含 Hello 的字段名	Message

至此，本实验结束。

Windows 7 及以上操作系统启用 msg 命令的具体步骤如下。

步骤 1：打开"开始"菜单，进入"运行"，输入"regedit"，进入注册表。

步骤 2：在注册表中查找到"HKEY_LOCAL_MACHINE\SYSTEM\CurrentControl-Set\Control\Terminal Server"项，修改"AllowRemoteRPC"的值为 1，如图 2-9 所示。

图 2-9　修改"AllowRemoteRPC"值

　　步骤 3：打开"控制面板"→"用户账户"→"凭据管理器"→"添加 Windows 凭据"。第一行输入目标电脑的 IP 地址，第二行输入目标电脑的用户名，第三行输入目标电脑的密码，如图 2-10 所示。

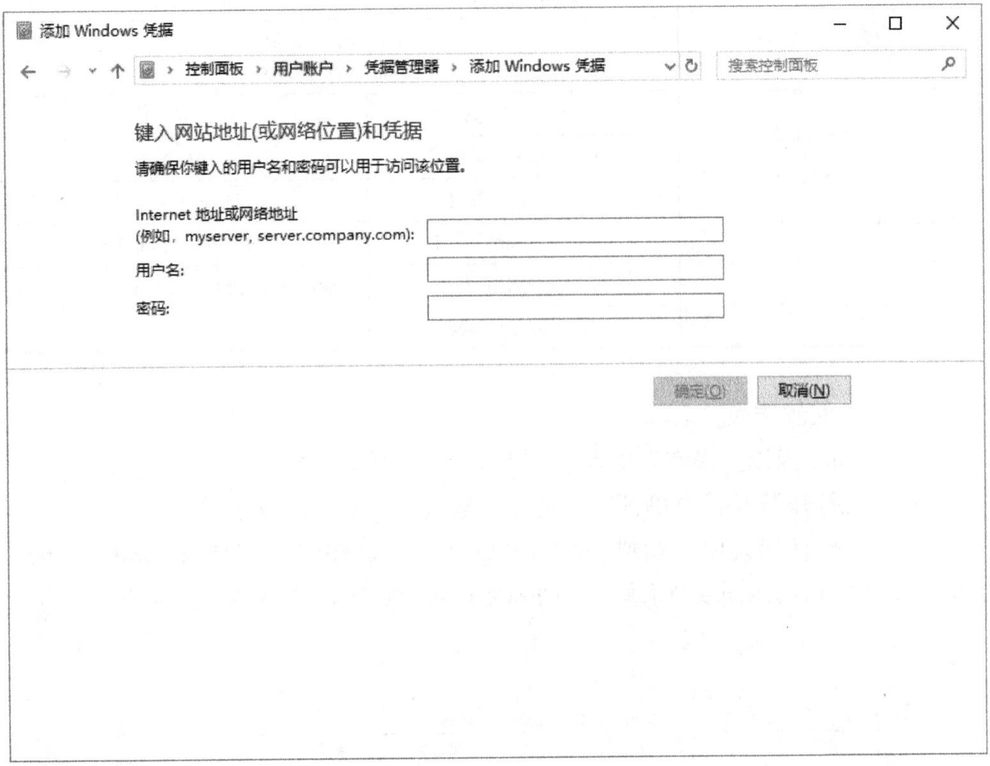

图 2-10　添加 Windows 凭据

　　步骤 4：打开"控制面板"→"系统和安全"→"Windows Defender 防火墙"，启用或关闭 Windows Defender 防火墙，分别点击"专用网络设置"和"公用网络设置"下的"关闭 Windows Defender 防火墙（不推荐）"，再按"确定"按钮，如图 2-11 所示。

图 2-11　关闭 Windows Defender 防火墙

步骤 5:重启计算机。

至此,本实验结束。学生在实验结束后,按照实验报告格式要求书写实验报告。

第3章　链路层交换机基本配置与管理

3.1　实验目标

（1）掌握链路层交换机基本信息的配置管理。

（2）掌握采用 Telnet 方式配置链路层交换机的方法。

3.2　相关知识要点

3.2.1　交换机管理方式

交换机的管理方式基本分为以下两种：带内管理和带外管理。通过交换机的
Console 端口管理交换机属于带外管理，不占用交换机的网络接口，其特点是需要使
用配置线缆，近距离配置。第一次配置时必须利用 Console 端口进行配置，使其支持
Telnet 远程管理。通过 Telnet、拨号等方式管理交换机则属于带内管理。

3.2.2　交换机命令模式

（1）用户模式 Switch>。

（2）特权模式 Switch#。

（3）全局配置模式 Switch(config)#。

（4）端口配置模式 Switch(config-if)#。

（5）VLAN 配置模式 Switch(config-vlan)#。

3.2.3　交换机命令操作帮助

（1）支持命令简写，按【 Tab 】键将命令补充完整。

（2）在操作模式下直接输入"?"显示该模式下的所有命令。

（3）在命令下输入空格 +"?"显示命令参数并对其解释说明。

（4）输入字符 +"?"显示以该字符开头的命令。

（5）命令历史缓存：按【 Ctrl+P 】键显示上一条命令，按【 Ctrl+N 】键显示下一条
命令。

（6）提示错误信息。

3.2.4　常用交换机命令

常用的交换机命令见表 3-1。

表 3-1　常用的交换机命令

说明	完整命令	简写命令
进入特权模式	enable	en
进入全局配置模式	configure terminal	conf t
进入端口模式	interface	int
返回到上级模式	exit	ex
修改交换机名称	hostname	ho
重启	reload	relo
查看运行配置	show running-config	sh run
查看当前版本信息	show version	sh ver
保存且退出	end	

3.3　实验内容与步骤

实验 3.1　交换机基本配置

【实验环境】

Cisco Packet Tracer 网络实验平台。

【模拟器材】

计算机 1 台、Cisco 2960 交换机 1 台、Console 线 1 根。

【实验步骤】

步骤 1：打开 Cisco Packet Tracer，新建文件。根据图 3-1 在工作区中建立模拟网络。使用 Console 线连接 PC0 的 RS232 接口与 Switch0 的 Console 接口。

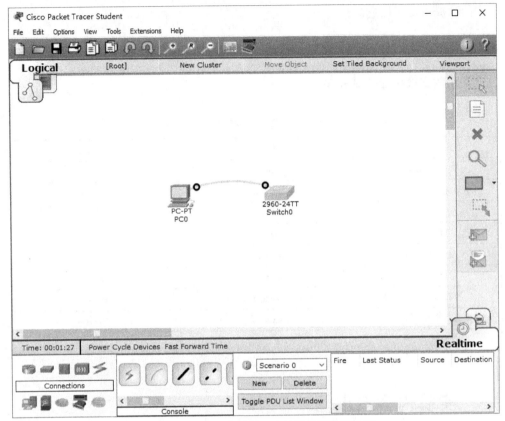

图 3-1　交换机基本配置实验的模拟网络拓扑图

步骤 2：打开 PC0 的配置窗口，如图 3-2 所示，点击 Desktop 选项卡中的 "Terminal" 按钮，进入终端，即可使用 Console 线缆方式管理交换机 Switch0。

步骤 3：依次输入表 3-2 中的命令，配置 Switch0。

表 3-2　Switch0 的配置命令及对应的说明

命令	说明
enable	进入特权模式
configure terminal	进入全局配置模式
interface FastEthernet0/1	进入端口 FastEthernet0/1 的配置模式
speed 100	设置速度为 100
duplex full	设置全双工模式
end	保存且退出
show version	查看软件版本
show running-config	查看运行配置

至此，本实验结束。

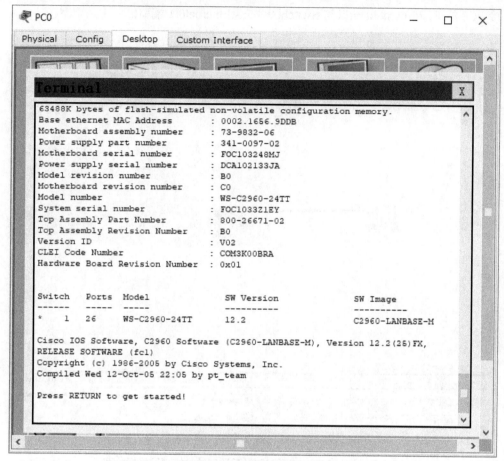

图 3-2　在 PC0 中显示终端

实验 3.2　交换机 Telnet 远程登录配置

【实验环境】

Cisco Packet Tracer 网络实验平台。

【模拟器材】

PC 1 台、Cisco 2960 交换机 1 台、Console 线 1 根、直连线 1 根。

【实验步骤】

步骤 1：打开 Cisco Packet Tracer，新建文件。根据图 3-3 在工作区中建立模拟网络。使用 Console 线连接 PC0 的 RS232 接口与 Switch0 的 Console 接口，直连线连接 PC0 的 FastEthernet0 端口与 Switch0 的 FastEthernet0/1 端口。

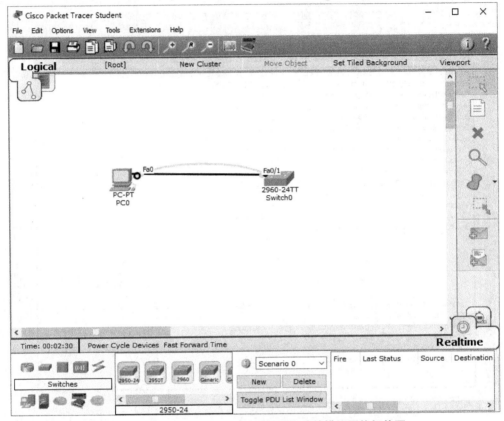

图 3-3 交换机 Telnet 远程登录配置实验的模拟网络拓扑图

步骤 2：打开 PC0 的配置窗口,点击 Desktop 选项卡中的"IP Configuration"按钮,在窗口中为 PC0 设置静态 IP, IP 地址为 192.168.1.2,子网掩码为 255.255.255.0,默认网关为 192.168.1.1,如图 3-4 所示。

步骤 3：打开 PC0 的配置窗口,点击 Desktop 选项卡中的"Terminal"按钮,进入终端,使用 Console 线缆方式管理 Switch0。依次输入表 3-3 中的命令。

步骤 4：打开 PC0 的配置窗口,点击 Desktop 选项卡中的"Command Prompt"按钮,进入命令提示符,执行"ping 192.168.1.1"命令,验证 PC0 与 Switch0 之间连通,如图 3-5 所示。

步骤 5：在 PC0 的命令提示符中依次输入表 3-4 中的命令,实现 Telnet 方式配置 Switch0。

至此,本实验结束。学生在实验结束后,按照实验报告格式要求书写实验报告。

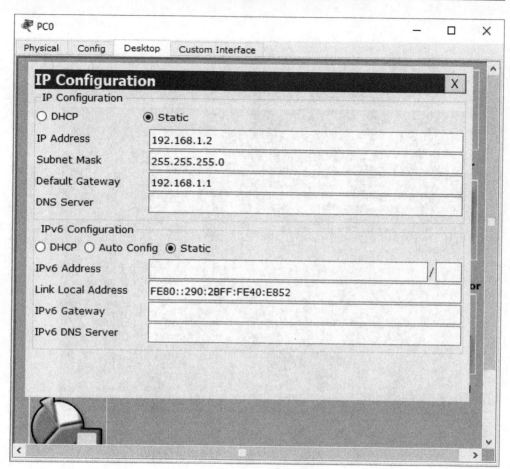

图 3-4　PC0 的 IP 设置

表 3-3　Switch0 的配置命令及对应的说明

命令	说明
enable	进入特权模式
configure terminal	进入全局配置模式
interface vlan 1	进入 vlan1 的配置模式
ip address 192.168.1.1 255.255.255.0	设置 IP 地址为 192.168.1.1/24
no shutdown	启用 vlan1
exit	返回上级配置模式
enable secret 123456	设置特权模式密码为 123456
line vty 0 4	同时允许 5 个虚拟终端登录进行配置
password 1234	设置远程登录密码为 1234
end	保存且退出

```
PC0                                                    —   □   ×
Physical   Config   Desktop   Custom Interface

Command Prompt                                              X

 Packet Tracer PC Command Line 1.0
 PC>ping 192.168.1.1

 Pinging 192.168.1.1 with 32 bytes of data:

 Reply from 192.168.1.1: bytes=32 time=1ms TTL=255
 Reply from 192.168.1.1: bytes=32 time=1ms TTL=255
 Reply from 192.168.1.1: bytes=32 time=1ms TTL=255
 Reply from 192.168.1.1: bytes=32 time=0ms TTL=255

 Ping statistics for 192.168.1.1:
     Packets: Sent = 4, Received = 4, Lost = 0 (0% loss),.
 Approximate round trip times in milli-seconds:
     Minimum = 0ms, Maximum = 1ms, Average = 0ms

 PC>
```

图 3-5　"ping 192.168.1.1"命令的执行结果

表 3-4　在命令提示符中实现 Telnet 方式配置 Switch0 的命令及说明

命令	说明
telnet 192.168.1.1	Telnet 到 192.168.1.1 的交换机
1234	输入远程登录密码 1234
enable	进入特权模式
123456	输入特权模式密码 123456
show running-config	查看运行配置

扫一扫:本章实验结果

第4章 链路层交换机虚拟局域网配置

4.1 实验目标

（1）掌握链路层交换机虚拟局域网（VLAN）的概念和作用。
（2）掌握链路层单交换机 VLAN 配置的基本方法。
（3）掌握链路层跨交换机 VLAN 配置的基本方法。

4.2 相关知识要点

4.2.1 虚拟局域网

虚拟局域网（Virtual Local Area Network，VLAN）是一组逻辑上的设备和用户，这些设备和用户并不受物理位置的限制，可以根据功能、部门及应用等因素将它们组织起来，它们之间相互通信就好像在同一个网段中一样，由此得名。

VLAN 可以防止物理线路相连的计算机之间直接通信，用户可以根据需要将有关设备和资源灵活、方便地重新组合，从而对网络安全有所帮助。同时，VLAN 限制了接受广播通信的工作站数目，减少了网络因"广播风暴"造成的性能恶化。

4.2.2 交换机的工作模式

交换机的工作模式对于计算机通信有很重要的作用。Trunk 模式用于交换机与交换机之间（跨交换机之间）的通信，而 Access 模式为单交换机通信，交换机的端口用于计算机互联。

在 Access 模式下，单交换机只能同时承载 1 个 VLAN 的流量，如果 2 个交换机上只有 1 个 VLAN，那么 2 个交换机之间能够通信，如果有 2 个或 2 个以上 VLAN，若设成默认缺省的，也可以通信，但如果设置成不同的 VLAN，除非把交换机之间的端口模式设置成 Trunk 模式，才可以通信。

Trunk 即端口汇聚，是用来在不同的交换机之间进行连接，以保证跨越多个交换机建立的同一个 VLAN 的成员能够相互通信。交换机之间互联用的端口就称为 Trunk 端口。与一般的交换机的级联不同，Trunk 模式是基于 OSI 第二层——数据链路层的技术,如果在 2 个交换机上分别划分了多个 VLAN(VLAN 也是基于 OSI 第二层的),那么分别在 2 个交换机上的 vlan10 和 vlan20 的各自的成员如果要互通,就需要在 A 交换机上设为 vlan10 的端口中取 1 个和交换机 B 上设为 vlan10 的某个端口做级联连接。vlan20 也是这样。那么如果交换机上划分了 10 个 VLAN,就需要分别连接 10 条线做级联,端口效率太低了。当交换机支持 Trunk 模式时,事情就很简单了,只需要 2 个交换机之间有 1 条级联线,并将对应的端口设置为 Trunk,这条线路就可以承载交换机上所有 VLAN 的信息。这样就算交换机上设了上百个 VLAN,也可以用 1 个 Trunk 端口解决了。

4.3　实验内容与步骤

实验 4.1　单交换机 VLAN 配置

【实验环境】

Cisco Packet Tracer 网络实验平台。

【模拟器材】

PC 4 台、Cisco 2960 交换机 1 台、直连线 4 根。

【实验背景】

按图 4-1 连接设备,并配置好各 PC 的 IP 地址,子网掩码均为 24 位掩码。在划分 VLAN 之前, 4 台计算机之间都可以相互通信(即能够 ping 通)。将 PC0 和 PC1 设为 vlan10, PC2 和 PC3 设为 vlan20。在划分 VLAN 之后,只有同一个 VLAN 中的计算机能够通信,不同 VLAN 之间的计算机不能通信(即不能 ping 通)。

【实验步骤】

步骤 1:打开 Cisco Packet Tracer,新建文件。根据图 4-1 在工作区中建立模拟网络。

步骤 2:配置 PC0 的 IP 地址为 192.168.1.11,子网掩码为 255.255.255.0;配置 PC1 的 IP 地址为 192.168.1.12,子网掩码为 255.255.255.0;配置 PC2 的 IP 地址为 192.168.1.13,子网掩码为 255.255.255.0;配置 PC3 的 IP 地址为 192.168.1.14,子网掩码为 255.255.255.0。

步骤 3:在 PC0 至 PC4 的命令提示符中分别执行 ping 命令,确认 4 台 PC 之间可以相互联通。

步骤 4：依次输入表 4-1 中的命令，配置 Switch0。

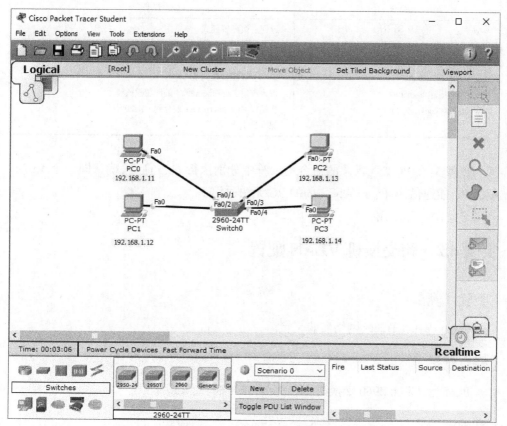

图 4-1　单交换机 VLAN 配置实验的模拟网络拓扑图

表 4-1　Switch0 的配置命令及对应的说明

命令	说明
enable	进入特权模式
configure terminal	进入全局配置模式
vlan10	创建 vlan10
name vlan10	将其命名为 vlan10
exit	返回上级配置模式
vlan20	创建 vlan20
name vlan20	将其命名为 vlan20
exit	返回上级配置模式
interface FastEthernet0/1	进入端口 FastEthernet0/1 的配置模式
switchport access vlan10	将端口 FastEthernet0/1 划分到 vlan10 中
exit	返回上级配置模式
interface FastEthernet0/2	进入端口 FastEthernet0/2 的配置模式
switchport access vlan10	将端口 FastEthernet0/2 划分到 vlan10 中

命令	说明
exit	返回上级配置模式
interface FastEthernet0/3	进入端口 FastEthernet0/3 的配置模式
switchport access vlan20	将端口 FastEthernet0/3 划分到 vlan20 中
exit	返回上级配置模式
interface FastEthernet0/4	进入端口 FastEthernet0/4 的配置模式
switchport access vlan20	将端口 FastEthernet0/4 划分到 vlan20 中
end	保存且退出

步骤5:在 PC0 至 PC4 的命令提示符中分别执行 ping 命令,确认同一个 VLAN 中的 PC 能通信,不同 VLAN 之间的 PC 无法通信。

至此,本实验结束。

实验 4.2   跨交换机 VLAN 配置

【实验环境】

Cisco Packet Tracer 网络实验平台。

【模拟器材】

PC 4 台、Cisco 2960 交换机 2 台、直连线 4 根、交叉线 1 根。

【实验背景】

按图 4-2 连接设备,并配置好各 PC 的 IP 地址,子网掩码均为 24 位掩码。在划分 VLAN 之前, 4 台计算机之间都可以相互通信(即能够 ping 通)。将 PC0 和 PC2 设为 vlan10, PC1 和 PC3 设为 vlan20。在划分 VLAN 之后,只有同一个 VLAN 中的计算机能够通信,不同 VLAN 之间的计算机不能通信(即不能 ping 通)。这是由于将 2 台交换机之间的链路(Fa0/3 端口)设为 Trunk 端口模式(跨交换机模式),则 2 个不同的交换机之间可以传递 VLAN 信息,因此同一个 VLAN 中的计算机可以进行跨交换机的通信。

【实验步骤】

步骤1:打开 Cisco Packet Tracer,新建文件。根据图 4-2 在工作区中建立模拟网络。

步骤2:配置 PC0 的 IP 地址为 192.168.1.11,子网掩码为 255.255.255.0;配置 PC1 的 IP 地址为 192.168.1.12,子网掩码为 255.255.255.0;配置 PC2 的 IP 地址为

192.168.1.13,子网掩码为 255.255.255.0;配置 PC3 的 IP 地址为 192.168.1.14,子网掩码为 255.255.255.0。

步骤 3:在 PC0 至 PC4 的命令提示符中分别执行 ping 命令,确认 4 台 PC 之间可以相互联通。

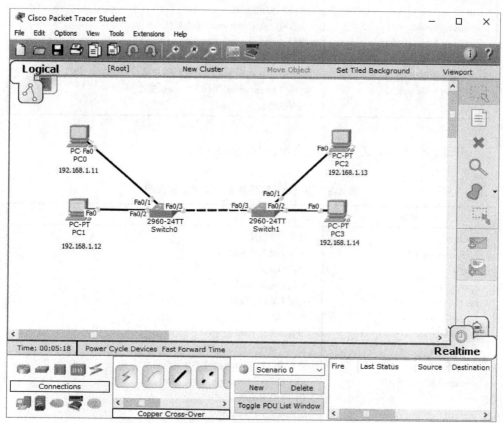

图 4-2　跨交换机 VLAN 配置实验的模拟网络拓扑图

步骤 4:依次输入表 4-2 中的命令,配置 Switch0。

表 4-2　Switch0 的配置命令及对应的说明

命令	说明
enable	进入特权模式
configure terminal	进入全局配置模式
vlan10	创建 vlan 10
name vlan10	将其命名为 vlan10
exit	返回上级配置模式
vlan20	创建 vlan 20
name vlan20	将其命名为 vlan20

续表

命令	说明
exit	返回上级配置模式
interface FastEthernet0/1	进入端口 FastEthernet0/1 的配置模式
switchport access vlan10	将端口 FastEthernet0/1 划分到 vlan10 中
exit	返回上级配置模式
interface FastEthernet0/2	进入端口 FastEthernet0/2 的配置模式
switchport access vlan20	将端口 FastEthernet0/2 划分到 vlan20 中
exit	返回上级配置模式
interface FastEthernet0/3	进入端口 FastEthernet0/3 的配置模式
switchport mode trunk	将端口 FastEthernet0/3 设置为 trunk 模式
end	保存且退出

步骤 5：依次输入表 4-3 中的命令，配置 Switch1。

表 4-3　Switch1 的配置命令及对应的说明

命令	说明
enable	进入特权模式
configure terminal	进入全局配置模式
vlan10	创建 vlan10
name vlan10	将其命名为 vlan10
exit	返回上级配置模式
vlan20	创建 vlan20
name vlan20	将其命名为 vlan20
exit	返回上级配置模式
interface FastEthernet0/1	进入端口 FastEthernet0/1 的配置模式
switchport access vlan10	将端口 FastEthernet0/1 划分到 vlan10 中
exit	返回上级配置模式
interface FastEthernet0/2	进入端口 FastEthernet0/2 的配置模式
switchport access vlan20	将端口 FastEthernet0/2 划分到 vlan20 中
exit	返回上级配置模式
interface FastEthernet0/3	进入端口 FastEthernet0/3 的配置模式
switchport mode trunk	将端口 FastEthernet0/3 设置为 trunk 模式
end	保存且退出

步骤 6：在 PC0 至 PC4 的命令提示符中分别执行 ping 命令，确认同一个 VLAN 中的 PC 能通信，不同 VLAN 之间的 PC 无法通信。

至此，本实验结束。学生在实验结束后，按照实验报告格式要求书写实验报告。

扫一扫：本章实验结果

* 第 5 章　链路层交换机快速生成树配置

5.1　实验目标

（1）理解链路层生成树协议的基本工作原理。
（2）掌握链路层快速生成树协议 RSTP 的基本配置方法。

5.2　相关知识要点

生成树协议（spanning-tree），作用是在交换网络中提供冗余备份链路，并且解决交换网络中的环路问题。生成树协议利用 SPA 算法，在存在交换机环路的网络中生成一个没有环路的树形网络，将交换网络的冗余备份链路从逻辑上断开，当主链路出现故障时，能够自动切换到备份链路，保证数据的正常转发。生成树协议版本：STP、RSTP（快速生成树协议）、MSTP（多生成树协议）。生成树协议的特点是收敛时间长，从主要链路出现故障到切换至备份链路需要 50 s。

快速生成树在生成树协议的基础上增加了两种端口，替换端口和备份端口，分别作为根端口和指定端口。当根端口或指定端口出现故障时，冗余端口不需要经过 50 s 的收敛时间，可以直接切换到替换端口或备份端口，从而实现了 RSTP 协议小于 1 s 的快速收敛。

5.3　实验内容与步骤

实验 5.1　快速生成树配置

【实验环境】

Cisco Packet Tracer 网络实验平台。

【模拟器材】

PC 2 台、Cisco 2960 交换机 2 台、直连线 4 根。

【实验背景】

如图 5-1 所示,现有通过 2 台交换机互联实现的网络。为了提高网络的可靠性,需要用 2 条链路将交换机互联,现要求在交换机上进行适当的配置,避免网络出现环路。

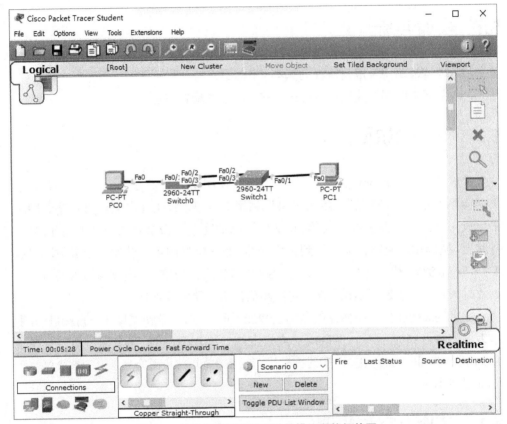

图 5-1　快速生成树配置实验的模拟网络拓扑图

【实验步骤】

步骤 1:打开 Cisco Packet Tracer,新建文件。根据图 5-1 在工作区中建立模拟网络。

步骤 2:配置 PC0 的 IP 地址为 192.168.1.2,子网掩码为 255.255.255.0,默认网关为 192.168.1.1;配置 PC1 的 IP 地址为 192.168.1.3,子网掩码为 255.255.255.0,默认网关为 192.168.1.1。

步骤 3:依次输入表 5-1 中的命令,配置 Switch0。

表 5-1 Switch0 的配置命令及对应的说明

命令	说明
enable	进入特权模式
show spanning-tree	显示生成树
configure terminal	进入全局配置模式
interface FastEthernet0/1	进入端口 FastEthernet0/1 的配置模式
switchport access vlan10	将端口 FastEthernet0/1 划分到 vlan10 中
exit	返回上级配置模式
interface FastEthernet0/2	进入端口 FastEthernet0/2 的配置模式
switchport mode trunk	将端口 FastEthernet0/2 设置为 trunk 模式
exit	返回上级配置模式
interface FastEthernet0/3	进入端口 FastEthernet0/3 的配置模式
switchport mode trunk	将端口 FastEthernet0/3 设置为 trunk 模式
exit	返回上级配置模式
spanning-tree mode rapid-pvst	将生成树模式改为 RSTP
end	保存且退出

步骤 4：依次输入表 5-2 中的命令，配置 Switch1。

表 5-2 Switch1 的配置命令及对应的说明

命令	说明
enable	进入特权模式
show spanning-tree	显示生成树
configure terminal	进入全局配置模式
interface FastEthernet0/1	进入端口 FastEthernet0/1 的配置模式
switchport access vlan10	将端口 FastEthernet0/1 划分到 vlan10 中
exit	返回上级配置模式
interface FastEthernet0/2	进入端口 FastEthernet0/2 的配置模式
switchport mode trunk	将端口 FastEthernet0/2 设置为 trunk 模式
exit	返回上级配置模式
interface FastEthernet0/3	进入端口 FastEthernet0/3 的配置模式
switchport mode trunk	将端口 FastEthernet0/3 设置为 trunk 模式
exit	返回上级配置模式
spanning-tree mode rapid-pvst	将生成树模式改为 RSTP
end	保存且退出

步骤 5：在 PC0 的命令提示符中执行"ping -t 192.168.1.3"命令，持续检测 PC0 与 PC1 的联通性。

步骤 6：依次输入表 5-3 中的命令，配置 Switch1，关闭其 FastEthernet0/1 端口。

表 5-3　Switch1 的配置命令及对应的说明

命令	说明
enable	进入特权模式
configure terminal	进入全局配置模式
interface FastEthernet0/1	进入端口 FastEthernet0/1 的配置模式
shutdown	关闭端口
end	保存且退出

步骤 7：观察步骤 4 的指令执行结果，发现主链路处于 down 状态时，能够自动切换到备份链路，保证数据的正常转发。

至此，本实验结束。学生在实验结束后，按照实验报告格式要求书写实验报告。

扫一扫：本章实验结果

第6章 网络层协议分析

6.1 实验目标

（1）分析网络层 ARP 协议报文首部格式。

（2）模拟 PC 机与三层交换机组网，分析网络层 ARP 协议在同一网段内和不同网段间的具体解析过程。

（3）分析网络层 IP 包的格式、IP 地址的分类和 IP 包的路由转发功能。

6.2 相关知识要点

6.2.1 ARP 协议报文格式

ARP 协议报文格式如图 6-1 所示。其中，前 14 个字节为以太网首部，以太网目的地址和以太网源地址为 MAC 地址，源地址已知，目的地址未知，用 ff ff ff ff ff ff 填充，类型指上层协议类型，有 3 种——IP（0800）、ARP 请求 / 应答（0806）、RARP 请求 / 应答（8035）。后 28 个字节，以 ARP 请求 / 应答为例：硬件类型指链路层网络类型，1 表示以太网。协议类型指要转换的地址类型，0x0800 为 IP 地址。后面 2 个地址长度对于以太网地址和 IP 地址分别为 6 和 4（B）。OP 字段为 1 表示 ARP 请求，为 2 表示 ARP 应答。

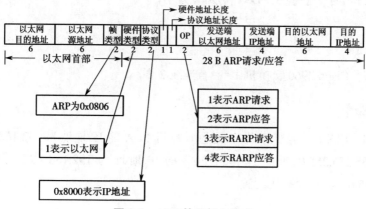

图 6-1 ARP 协议报文格式

6.2.2　ARP 协议工作过程

ARP 协议在同一网段内的解析过程如下。

（1）源主机 A 检查是否能够将 IP 地址转化为 MAC 地址，即在本地的 ARP 缓存中查看 IP-MAC 对应表。

（2）如果存在 IP-MAC 对应关系，执行步骤（6）；如果不存在 IP-MAC 对应关系，执行步骤（3）。

（3）源主机 A 进行 ARP 广播，目的地的 MAC 地址是 ff: ff: ff: ff: ff: ff，ARP 命令类型为 request（1），其中包含自己的 MAC 地址。

（4）目标主机 B 接收到该 ARP 请求后，发送一个 ARP 的 reply（2）命令，其中包含自己的 MAC 地址。

（5）源主机 A 获得目标主机 B 的 IP-MAC 对应关系，并保存到 ARP 缓存中。

（6）源主机 A 把目标主机 B 的 IP 地址转化为 MAC 地址，并将数据发送出去。

ARP 协议在不同网段内的解析过程如下。

（1）源主机 A 利用 ARP 协议解析出路由器 R1 的 IP 地址，将 IP 数据报发送给路由器 R1。

（2）路由器 R1 从路由表中找出下一跳路由器 R2，利用 ARP 协议解析出 R2 的 MAC 地址，将 IP 数据报按照 R2 的 MAC 地址转发到路由器 R2。

（3）路由器 R2 解析 IP 数据报中的目的 IP 地址，利用 ARP 协议解析出目标主机 B 的 MAC 地址，将 IP 数据报发送给目标主机 B。

6.3　实验内容与步骤

实验 6.1　同一网段 ARP 协议分析

【实验器材】

PC 2 台、Cisco 2960 交换机 1 台、直连线 2 根。

【实验步骤】

步骤 1：按图 6-2 连接好设备，配置计算机 PCA 的 IP 地址为 192.168.1.21，子网掩码为 255.255.255.0；配置计算机 PCB 的 IP 地址为 192.168.1.22，子网掩码为 255.255.255.0。清空交换机配置。

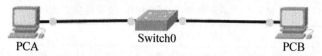

PCA   Switch0   PCB

图 6-2 同一网段 ARP 协议分析实验的网络拓扑图

步骤 2：运行 PCA、PCB 上的 Wireshark 软件，开始截获数据报文；在 PCA 和 PCB 的命令行提示符中执行"arp -d"命令，清空 ARP 缓存。

步骤 3：在 PCA 的命令行提示符中执行"ping 192.168.1.22"命令。执行结束后，停止 PCA、PCB 的 Wireshark 软件报文截获。将此次 Wireshark 软件的结果保存为 ping1.pcapng。

步骤 4：在 PCA、PCB 的命令行提示符中执行"arp -a"命令。结果分别如图 6-3 和图 6-4 所示。

图 6-3 PCA 中"arp -a"命令的执行结果

图 6-4 PCB 中"arp -a"命令的执行结果

步骤 5：重复步骤 3。将此次 Wireshark 软件的结果保存为 ping2.pcapng。

步骤 6：分析 ping1.pcapng 文件，观察后有如下发现。

（1）统计"Protocol"字段，有 2 个 ARP 报文。

（2）选中第一个 ARP 请求报文，Info 为 Who has 192.168.1.22? Tell 192.168.1.21。

（3）2 个 ARP 报文的 opcode 分别为 request(1)、reply(2)，即分别为 ARP 请求报文和 ARP 应答报文。详细字段信息对比见表 6-1（注：MAC 地址根据实验环境各不相同）。

表 6-1　ARP 请求报文和 ARP 应答报文对比

字段项	ARP 请求数据报文	ARP 应答数据报文
链路层 Destination 项	Broadcast(ff:ff:ff:ff:ff:ff)	Vmware_88:33:7b(00:0c:29:88:33:7b)
链路层 Source 项	Vmware_88:33:7b(00:0c:29:88:33:7b)	Vmware_17:53:d9(00:0c:29:17:53:d9)
网络层 Sender MAC Address	Vmware_88:33:7b(00:0c:29:88:33:7b)	Vmware_17:53:d9(00:0c:29:17:53:d9)
网络层 Sender IP Address	192.168.1.21(192.168.1.21)	192.168.1.22(192.168.1.22)
网络层 Target MAC Address	00:00:00_00:00:00(00:00:00:00:00:00)	Vmware_88:33:7b(00:0c:29:88:33:7b)
网络层 Target IP Address	192.168.1.22(192.168.1.22)	192.168.1.21(192.168.1.21)

步骤 7:分析文件 ping2.pcapng 发现,其相比 ping1.pcapng 文件,少了 ARP 文件,仅有 ICMP 报文。

至此,本实验结束。

实验 6.2　不同网段 ARP 协议分析

【实验环境】

Cisco Packet Tracer 网络实验平台。

【模拟器材】

PC 2 台、Cisco 3560 交换机 1 台、直连线 2 根。

【实验步骤】

步骤 1:打开 Cisco Packet Tracer,新建文件。根据图 6-5 在工作区中建立模拟网络。

步骤 2:配置 PCA 的 IP 地址为 192.168.1.22,子网掩码为 255.255.255.0,网关为 192.168.1.10;配置 PCB 的 IP 地址为 192.168.2.22,子网掩码为 255.255.255.0,网关为 192.168.2.10。

步骤 3:依次输入表 6-2 中的命令,在 Multilayer Switch0 中划分出 vlan2, vlan3,并启用 IP 路由功能。

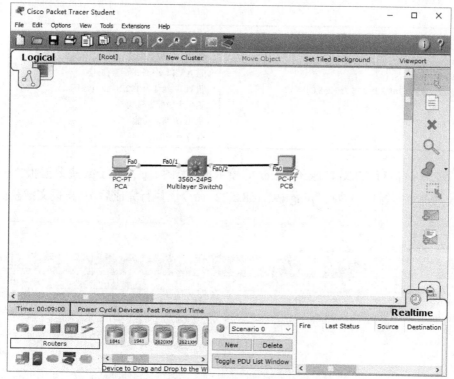

图 6-5 快速生成树配置实验的模拟网络拓扑图

表 6-2 Multilayer Switch0 配置命令及对应说明

命令	说明
enable	进入特权模式
configure terminal	进入全局配置模式
vlan2	创建 vlan2
name vlan2	将其命名为 vlan2
exit	返回上级配置模式
vlan3	创建 vlan 3
name vlan3	将其命名为 vlan3
exit	返回上级配置模式
interface FastEthernet0/1	进入端口 FastEthernet0/1 的配置模式
switchport access vlan2	将端口 FastEthernet0/1 划分到 vlan2 中
exit	返回上级配置模式
interface FastEthernet0/2	进入端口 FastEthernet0/2 的配置模式
switchport access vlan3	将端口 FastEthernet0/2 划分到 vlan3 中
exit	返回上级配置模式
interface vlan2	进入端口 vlan2 的配置模式
ip address 192.168.1.10 255.255.255.0	设置 IP 地址为 192.168.1.10/24

续表

命令	说明
exit	返回上级配置模式
interface vlan3	进入端口 vlan3 的配置模式
ip address 192.168.2.10 255.255.255.0	设置 IP 地址为 192.168.2.10/24
exit	返回上级配置模式
ip routing	启用 IP 路由功能
end	保存且退出

步骤 4：运行 Cisco Packet Tracer 的模拟模式（图 6-6），开始截获数据报文。在 PCA 的命令行窗口中执行"ping 192.168.2.22"命令。执行完成后，停止报文截获。

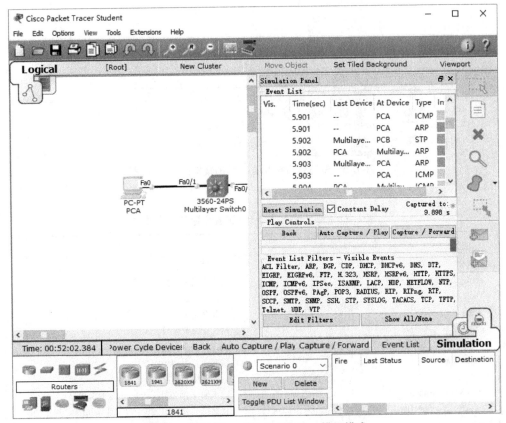

图 6-6　运行 Cisco Packet Tracer 模拟模式

步骤 5：在 PCA 的命令行提示符中执行"arp -a"命令，结果如图 6-7 所示。

步骤 6：分析截获的第一条 ARP 请求报文和第一条 ARP 应答报文，可以得到表 6-3 的内容（注：MAC 地址根据实验环境各不相同）。

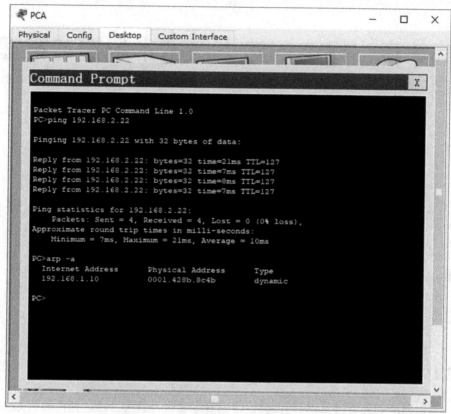

图 6-7　PCA 中 "arp -a" 命令的执行结果

表 6-3　ARP 请求报文和 ARP 应答报文对比

字段项	ARP 请求数据报文	ARP 应答数据报文
链路层 Destination 项	FFFF.FFFF.FFFF	000A.F364.6B93
链路层 Source 项	000A.F364.6B93	0001.428B.8C4B
网络层 Sender MAC Address	000A.F364.6B93	0001.428B.8C4B
网络层 Sender IP Address	192.168.1.22	192.168.1.10
网络层 Target MAC Address	0000.0000.0000	000A.F364.6B93
网络层 Target IP Address	192.168.1.10	192.168.1.22

至此,本实验结束。学生在实验结束后,按照实验报告格式要求书写实验报告。

扫一扫:本章实验结果

第7章 网络层路由器基本配置与管理

7.1 实验目标

（1）掌握使用 Console 线缆、Telnet 方式配置路由器的方法。
（2）熟悉路由器不同的命令行操作模式以及各种模式之间的切换。
（3）掌握路由器的基本配置命令。
（4）掌握单臂路由器的配置方法，通过单臂路由器实现不同 VLAN 间互相通信。

7.2 相关知识要点

7.2.1 路由器管理方式

路由器的管理方式基本分为两种：带内管理和带外管理。通过路由器的 Console 口管理路由器属于带外管理，不占用路由器的网络接口，其特点是需要使用配置线缆，近距离配置。第一次配置时必须利用 Console 端口进行配置，使其支持 Telnet 远程管理。通过 Telnet、拨号等方式则属于带内管理。

7.2.2 单臂路由

单臂路由是为实现 VLAN 间通信的三层网络设备路由器，它只需要一个以太网，通过创建子接口可以承担所有 VLAN 的网关，而在不同的 VLAN 间转发数据。

7.3 实验内容与步骤

7.3.1 路由器基本配置

【实验环境】

Cisco Packet Tracer 网络实验平台。

【模拟器材】

PC 1 台、Cisco 2911 路由器 1 台、Console 线 1 根、交叉线 1 根。

【实验步骤】

步骤 1：打开 Cisco Packet Tracer，新建文件。根据图 7-1 在工作区中建立模拟网络。

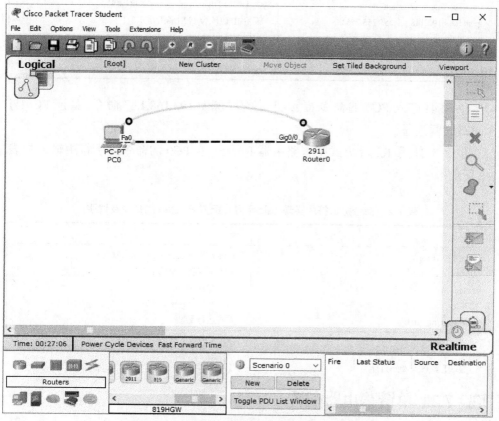

图 7-1　路由器基本配置实验的模拟网络拓扑图

步骤 2：配置 PC0 的 IP 地址为 192.168.1.2，子网掩码为 255.255.255.0，默认网关为 192.168.1.1。

步骤 3：打开 PC0 的配置窗口，点击 Desktop 选项卡中的"Terminal"按钮，进入终端，使用 Console 线缆方式管理路由器 Router0。依次输入表 7-1 中的命令。

表 7-1　　Router0 配置命令及对应说明

命令	说明
enable	进入特权模式
configure terminal	进入全局配置模式
enable secret 123456	设置特权模式密码为 123456
line vty 0 4	同时允许 5 个虚拟终端登陆进行配置
password 1234	设置远程登录密码为 1234
exit	返回上级配置模式
interface GigabitEthernet0/0	进入端口 GigabitEthernet0/0 的配置模式
ip address 192.168.1.1 255.255.255.0	设置 IP 地址为 192.168.1.1/24
no shutdown	启用端口
exit	返回上级配置模式
end	保存且退出

步骤 4：进入 PC0 的命令提示符，执行"ping 192.168.1.1"命令，验证 PC0 与 Route0 之间连通。

步骤 5：使用 Telnet 方式配置路由器 Route0，在 PC0 的命令提示符中输入如表 7-2 所示指令。

表 7-2　　命令提示符中实现 Telnet 方式配置 Route0 的命令及说明

命令	说明
telnet 192.168.1.1	Telnet 到 192.168.1.1 的路由器
1234	输入远程登录密码 1234
enable	进入特权模式
123456	输入特权模式密码 123456
show running-config	查看运行配置

至此，本实验结束。

实验 7.2　单臂路由器配置

【实验环境】

Cisco Packet Tracer 网络实验平台。

【模拟器材】

PC 2 台、Cisco 2911 路由器 1 台、Cisco 2960 交换机 1 台、直连线 3 根。

【实验步骤】

步骤 1：打开 Cisco Packet Tracer，新建文件。根据图 7-2 在工作区中建立模拟网络。

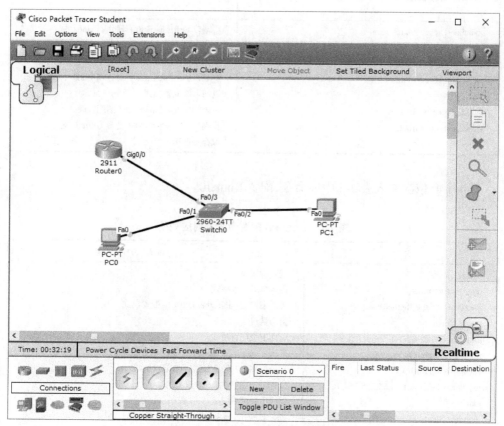

图 7-2　单臂路由器配置实验的模拟网络拓扑图

步骤 2:配置 PC0 的 IP 地址为 192.168.1.2,子网掩码为 255.255.255.0,默认网关为 192.168.1.1;配置 PC1 的 IP 地址为 192.168.2.2,子网掩码为 255.255.255.0,默认网关为 192.168.2.1。

步骤 3:依次输入表 7-3 中的命令,配置 Switch0。

表 7-3　Switch0 配置命令及对应说明

命令	说明
enable	进入特权模式
configure terminal	进入全局配置模式
vlan2	创建 vlan2
exit	返回上级配置模式
vlan3	创建 vlan3
exit	返回上级配置模式
interface FastEthernet0/1	进入端口 FastEthernet0/1 的配置模式

续表

命令	说明
switchport access vlan2	将端口 FastEthernet0/1 划分到 vlan2 中
exit	返回上级配置模式
interface FastEthernet0/2	进入端口 FastEthernet0/2 的配置模式
switchport access vlan3	将端口 FastEthernet0/2 划分到 vlan3 中
exit	返回上级配置模式
interface FastEthernet0/3	进入端口 FastEthernet0/3 的配置模式
switchport mode trunk	将端口 FastEthernet0/3 设置为 trunk 模式
end	保存且退出

步骤 4:依次输入表 7-4 中的命令,配置 Router0。

表 7-4　Router0 配置命令及对应说明

命令	说明
enable	进入特权模式
configure terminal	进入全局配置模式
interface GigabitEthernet0/0	进入端口 GigabitEthernet0/1 的配置模式
no shutdown	启用端口
exit	返回上级配置模式
interface GigabitEthernet0/0.1	进入 GigabitEthernet0/1 子端口 1 的配置模式
encapsulation dot1Q 2	划分到 vlan2 配置 IEEE 802.1Q 协议
ip address 192.168.1.1 255.255.255.0	设置 IP 地址为 192.168.1.1/24
exit	返回上级配置模式
interface GigabitEthernet0/0.2	进入 GigabitEthernet0/1 子端口 2 的配置模式
encapsulation dot1Q 3	划分到 vlan3 配置 IEEE 802.1Q 协议
ip address 192.168.2.1 255.255.255.0	设置 IP 地址为 192.168.2.1/24
end	保存且退出

步骤 5:在 PC0 的命令提示符中,执行"ping 192.168.2.2"命令,确认 PC0 和 PC1 之间能通信。

至此,本实验结束。学生在实验结束后,按照实验报告格式要求书写实验报告。

扫一扫:本章实验结果

*第8章 网络层静态路由配置

8.1 实验目标

（1）理解网络层静态路由的原理及特点。

（2）掌握网络层静态路由的配置方法。

（3）学会启动网络层路由器的路由功能。

（4）学会查看网络层路由器的路由表并分析其路由信息。

8.2 相关知识要点

　　路由器在没有配置路由时,只能实现与它直连的网络间的通信,为了实现在更大范围内的网络间通信,需要进行路由配置,路由包括静态路由、默认路由和动态路由几类。

　　静态路由是一种特殊的路由,它由管理员人工配置而成。管理员必须了解路由器的拓扑连接,通过人工方式指定路由路径。但这种方式的问题在于:当一个网络故障发生后,静态路由不会自动发生改变,必须由网管人工修改路由路径。

8.3 实验内容与步骤

实验 8.1 静态路由配置

【实验环境】

　　Cisco Packet Tracer 网络实验平台。

【模拟器材】

　　PC 2 台、Router-PT 路由器 2 台、交叉线 2 根、DCE 串口线 1 根。

【实验步骤】

　　步骤 1:打开 Cisco Packet Tracer,新建文件。根据图 8-1 在工作区中建立模拟网络。

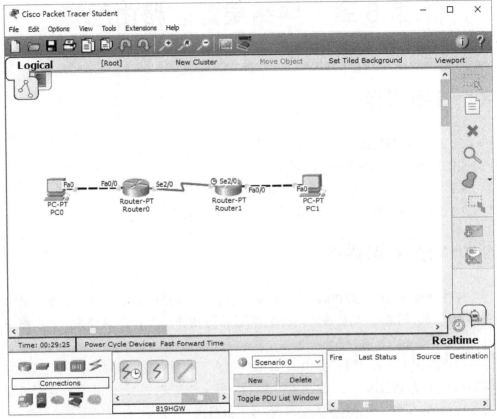

图 8-1　静态路由配置实验的模拟网络拓扑图

步骤 2:配置 PC0 的 IP 地址为 10.100.110.10,子网掩码为 255.255.255.0,默认网关为 10.100.110.1;配置 PC1 的 IP 地址为 10.100.120.11,子网掩码为 255.255.255.0,默认网关为 10.100.120.1。

步骤 3:依次输入表 8-1 中的命令,配置 Route0。

表 8-1　Route0 配置命令及对应说明

命令	说明
enable	进入特权模式
configure terminal	进入全局配置模式
interface FastEthernet0/0	进入端口 FastEthernet0/0 的配置模式
no shutdown	启用端口
ip address 10.100.110.1 255.255.255.0	设置 IP 地址为 10.100.110.1/24
exit	返回上级配置模式
interface Serial2/0	进入端口 Serial2/0 的配置模式

续表

命令	说明
no shutdown	启用端口
clock rate 800000	设置时钟频率为 800000
ip address 192.10.1.1 255.255.255.0	设置 IP 地址为 192.10.1.1/24
exit	返回上级配置模式
ip route 10.100.120.0 255.255.255.0 192.10.1.2	路由 10.100.120.0/24 到 192.10.1.2
end	保存且退出

步骤 4：依次输入表 8-2 中的命令，配置 Route1。

表 8-2　Route1 配置命令及对应说明

命令	说明
enable	进入特权模式
configure terminal	进入全局配置模式
interface FastEthernet0/0	进入端口 FastEthernet0/0 的配置模式
no shutdown	启用端口
ip address 10.100.120.1 255.255.255.0	设置 IP 地址为 10.100.120.1/24
exit	返回上级配置模式
interface Serial2/0	进入端口 Serial2/0 的配置模式
no shutdown	启用端口
clock rate 800000	设置时钟频率为 800000
ip address 192.10.1.2 255.255.255.0	设置 IP 地址为 192.10.1.2/24
exit	返回上级配置模式
ip route 10.100.110.0 255.255.255.0 192.10.1.1	路由 10.100.110.0/24 到 192.10.1.1
end	保存且退出

步骤 5：在 PC0 的命令提示符中，执行"ping 10.100.120.11"命令，确认 PC0 和 PC1 之间能通信。

至此，本实验结束。学生在实验结束后，按照实验报告格式要求书写实验报告。

扫一扫：本章实验结果

* 第 9 章　网络层动态路由配置

9.1　实验目标

（1）理解网络层动态路由和 RIP 协议的原理及特点。

（2）掌握使用网络层 RIP 协议的动态路由配置方法。

（3）理解当网络拓扑结构改变时网络层 RIP 协议如何自动调整。

（4）掌握网络层单区域 OSPF 协议的配置。

（5）掌握网络层多区域 OSPF 协议的配置。

（6）理解网络层 OSPF 链路状态路由协议的工作过程。

（7）理解网络层 OSPF 适应大型复杂网络的区域划分特性。

9.2　相关知识要点

9.2.1　RIP 协议

RIP（Routing Information Protocol，路由信息协议）是一种内部网关协议（Interior Gateway Protocol，IGP），是基于 V-D 算法的动态路由选择协议。根据 RIP 协议，各路由器可以动态更新自己的路由表，从而适应网络拓扑结构的变化。

9.2.2　OSPF 协议

OSPF（Open Shortest Path First，开放式最短路径优先）协议是一个内部网关协议，用于在单一自治系统（Autonomous System，AS）内决策路由。OSPF 是基于 Dijkstra 的最短路径算法（SPF）的动态路由选择协议，具有无自环、收敛快的特点。

9.3　实验内容与步骤

实验 9.1　RIP 动态路由配置

【实验环境】

　　Cisco Packet Tracer 网络实验平台。

【模拟器材】

　　PC 2 台、Router-PT 路由器 2 台、交叉线 2 根、DCE 串口线 1 根。

【实验步骤】

　　步骤 1：打开 Cisco Packet Tracer，新建文件。根据图 9-1 在工作区中建立模拟网络。

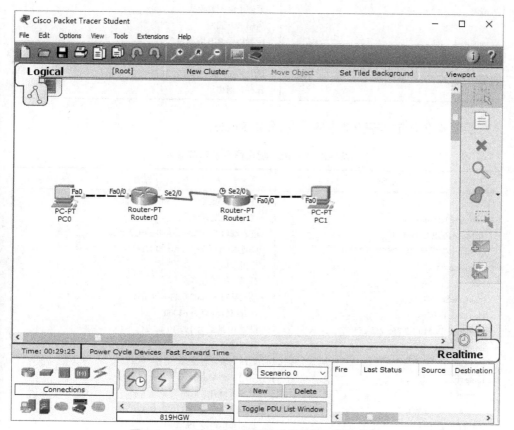

图 9-1　RIP 动态路由配置实验的模拟网络拓扑图

步骤 2：配置 PC0 的 IP 地址为 192.16.10.11，子网掩码为 255.255.255.0，默认网关为 192.16.10.1；配置 PC1 的 IP 地址为 192.16.20.21，子网掩码为 255.255.255.0，默认网关为 192.16.20.1。

步骤 3：依次输入表 9-1 中的命令，配置 Route0。

表 9-1　Route0 配置命令及对应说明

命令	说明
enable	进入特权模式
configure terminal	进入全局配置模式
interface FastEthernet0/0	进入端口 FastEthernet0/0 的配置模式
ip address 192.16.10.1 255.255.255.0	设置 IP 地址为 192.16.10.1/24
no shutdown	启用端口
exit	返回上级配置模式
interface Serial2/0	进入端口 Serial2/0 的配置模式
clock rate 64000	设置时钟频率为 64000
ip address 192.10.1.1 255.255.255.0	设置 IP 地址为 192.10.1.1/24
no shutdown	启用端口
exit	返回上级配置模式
route rip	启用 RIP 路由
version 2	配置所用 RIP 版本为 2
network 192.16.10.0	添加路由网段 192.16.10.0
network 192.10.1.0	添加路由网段 192.10.1.0
end	保存且退出

步骤 4：依次输入表 9-2 中的命令，配置 Route1。

表 9-2　Route1 配置命令及对应说明

命令	说明
enable	进入特权模式
configure terminal	进入全局配置模式
interface FastEthernet0/0	进入端口 FastEthernet0/0 的配置模式
ip address 192.16.20.1 255.255.255.0	设置 IP 地址为 192.16.20.1/24
no shutdown	启用端口
exit	返回上级配置模式
interface Serial2/0	进入端口 Serial2/0 的配置模式
clock rate 64000	设置时钟频率为 64000
ip address 192.10.1.2 255.255.255.0	设置 IP 地址为 192.10.1.2/24
no shutdown	启用端口
exit	返回上级配置模式
route rip	启用 RIP 路由
version 2	配置所用 RIP 版本为 2
network 192.16.20.0	添加路由网段 192.16.20.0
network 192.10.1.0	添加路由网段 192.10.1.0
end	保存且退出

步骤 5：在 PC0 的命令提示符中，执行 "ping 192.16.20.21" 命令，确认 PC0 和 PC1 之间能通信。

至此，本实验结束。

实验 9.2　单区域 OSPF 路由配置

【实验环境】

Cisco Packet Tracer 网络实验平台。

【模拟器材】

PC 8 台、Router-PT 路由器 4 台、直连线 12 根、Cisco 2911 路由器 4 台、DCE 串口线 3 根。

【实验步骤】

步骤 1：打开 Cisco Packet Tracer，新建文件。根据图 9-2 在工作区中建立模拟网络。

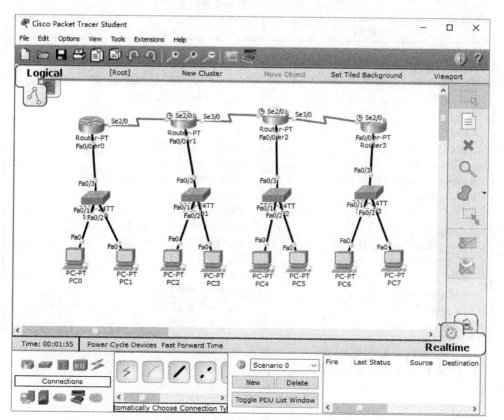

图 9-2　单区域 OSPF 路由配置实验的模拟网络拓扑图

步骤 2:配置 PC0 至 PC7 的网络参数,见表 9-3。

表 9-3　PC0 至 PC7 的网络参数

主机名	IP 地址	子网掩码	默认网关
PC0	172.16.0.2	255.255.0.0	172.16.0.1
PC1	172.16.0.3	255.255.0.0	172.16.0.1
PC2	172.17.0.2	255.255.0.0	172.17.0.1
PC3	172.17.0.3	255.255.0.0	172.17.0.1
PC4	172.18.0.2	255.255.0.0	172.18.0.1
PC5	172.18.0.3	255.255.0.0	172.18.0.1
PC6	10.1.1.2	255.0.0.0	10.1.1.1
PC7	10.1.1.3	255.0.0.0	10.1.1.1

步骤 3:依次输入表 9-4 中的命令,配置 Router0。

表 9-4　Router0 配置命令及对应说明

命令	说明
enable	进入特权模式
configure terminal	进入全局配置模式
interface FastEthernet0/0	进入端口 FastEthernet0/0 的配置模式
ip address 172.16.0.1 255.255.0.0	设置 IP 地址为 172.16.0.1/24
no shutdown	启用端口
exit	返回上级配置模式
interface Serial2/0	进入端口 Serial2/0 的配置模式
no shutdown	启用端口
ip address 192.168.0.1 255.255.255.0	设置 IP 地址为 192.168.0.1/24
clock rate 56000	设置时钟频率为 56000
exit	返回上级配置模式
router ospf 1	启用 OSPF 路由,自治系统号 1
network 192.168.0.0 0.0.0.255 area 0	添加路由网段 192.168.0.0 到区域 0
network 172.16.0.0 0.0.255.255 area 0	添加路由网段 172.16.0.0 到区域 0
end	保存且退出
show ip protocol	显示路由选择协议参数
show ip ospf	显示 OSPF 路由信息
show ip ospf database	查看 OSPF 数据库

步骤 4:依次输入表 9-5 中的命令,配置 Router1。

表 9-5　Router1 配置命令及对应说明

命令	说明
enable	进入特权模式
configure terminal	进入全局配置模式
interface FastEthernet0/0	进入端口 FastEthernet0/0 的配置模式
ip address 172.17.0.1 255.255.0.0	设置 IP 地址为 172.17.0.1/24
no shutdown	启用端口
exit	返回上级配置模式
interface Serial2/0	进入端口 Serial2/0 的配置模式
no shutdown	启用端口
ip address 192.168.0.2 255.255.255.0	设置 IP 地址为 192.168.0.2/24
clock rate 56000	设置时钟频率为 56000
exit	返回上级配置模式
interface Serial3/0	进入端口 Serial3/0 的配置模式
no shutdown	启用端口
ip address 192.168.1.1 255.255.255.0	设置 IP 地址为 192.168.1.1/24
clock rate 56000	设置时钟频率为 56000
exit	返回上级配置模式
router ospf 1	启用 OSPF 路由,自治系统号 1
network 192.168.0.0 0.0.0.255 area 0	添加路由网段 192.168.0.0 到区域 0
network 192.168.1.0 0.0.0.255 area 0	添加路由网段 172.168.1.0 到区域 0
network 172.17.0.0 0.0.255.255 area 0	添加路由网段 172.17.0.0 到区域 0
end	保存且退出
show ip protocol	显示路由选择协议参数
show ip ospf	显示 OSPF 路由信息
show ip ospf database	查看 OSPF 数据库

步骤 5:依次输入表 9-6 中的命令,配置 Router2。

表 9-6　Router2 配置命令及对应说明

命令	说明
enable	进入特权模式
configure terminal	进入全局配置模式
interface FastEthernet0/0	进入端口 FastEthernet0/0 的配置模式
ip address 172.18.0.1 255.255.0.0	设置 IP 地址为 172.18.0.1/24
no shutdown	启用端口
exit	返回上级配置模式
interface Serial2/0	进入端口 Serial2/0 的配置模式
no shutdown	启用端口
ip address 192.168.1.2 255.255.255.0	设置 IP 地址为 192.168.1.2/24
clock rate 56000	设置时钟频率为 56000
exit	返回上级配置模式
interface Serial3/0	进入端口 Serial3/0 的配置模式
no shutdown	启用端口

命令	说明
ip address 192.168.2.1 255.255.255.0	设置 IP 地址为 192.168.2.1/24
clock rate 56000	设置时钟频率为 56000
exit	返回上级配置模式
router ospf 1	启用 OSPF 路由,自治系统号 1
network 192.168.1.0 0.0.0.255 area 0	添加路由网段 192.168.1.0 到区域 0
network 192.168.2.0 0.0.0.255 area 0	添加路由网段 172.168.2.0 到区域 0
network 172.18.0.0 0.0.255.255 area 0	添加路由网段 172.18.0.0 到区域 0
end	保存且退出
show ip protocol	显示路由选择协议参数
show ip ospf	显示 OSPF 路由信息
show ip ospf database	查看 OSPF 数据库

步骤 6:依次输入表 9-7 中的命令,配置 Router3。

表 9-7　Router3 配置命令及对应说明

命令	说明
enable	进入特权模式
configure terminal	进入全局配置模式
interface FastEthernet0/0	进入端口 FastEthernet0/0 的配置模式
ip address 10.1.1.1 255.255.0.0	设置 IP 地址为 10.1.1.1/24
no shutdown	启用端口
exit	返回上级配置模式
interface Serial2/0	进入端口 Serial2/0 的配置模式
no shutdown	启用端口
ip address 192.168.2.2 255.255.255.0	设置 IP 地址为 192.168.2.2/24
clock rate 56000	设置时钟频率为 56000
exit	返回上级配置模式
router ospf 1	启用 OSPF 路由,自治系统号 1
network 10.1.1.0 0.0.0.255 area 0	添加路由网段 10.1.1.0 到区域 0
network 192.168.2.0 0.0.0.255 area 0	添加路由网段 192.168.2.0 到区域 0
end	保存且退出
show ip protocol	显示路由选择协议参数
show ip ospf	显示 OSPF 路由信息
show ip ospf database	查看 OSPF 数据库

步骤 7:在 PC0 至 PC7 的命令提示符中,分别使用"ping"命令确定互相之间的网络连通性。

至此,本实验结束。

实验 9.3　多区域 OSPF 路由配置

【实验环境】

Cisco Packet Tracer 网络实验平台。

【模拟器材】

PC 2 台、Router-PT 路由器 3 台、交叉线 12 根、DCE 串口线 3 根。

【实验步骤】

步骤 1：打开 Cisco Packet Tracer，新建文件。根据图 9-3 在工作区中建立模拟网络。

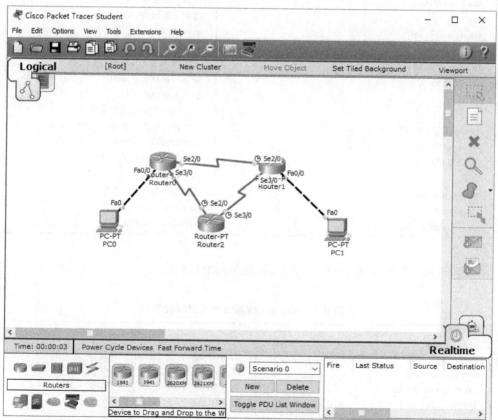

图 9-3　多区域 OSPF 路由配置实验的模拟网络拓扑图

步骤 2：配置 PC0 的 IP 地址为 192.168.11.2，子网掩码为 255.255.255.0，默认网关为 192.168.11.1；配置 PC1 的 IP 地址为 192.168.13.2，子网掩码为 255.255.255.0，默

认网关为 192.168.13.1。

步骤 3:依次输入表 9-8 中的命令,配置 Router0。

表 9-8　Router0 配置命令及对应说明

命令	说明
enable	进入特权模式
configure terminal	进入全局配置模式
interface FastEthernet0/0	进入端口 FastEthernet0/0 的配置模式
ip address 192.168.11.1 255.255.255.0	设置 IP 地址为 192.168.11.1/24
no shutdown	启用端口
exit	返回上级配置模式
interface Serial2/0	进入端口 Serial2/0 的配置模式
no shutdown	启用端口
ip address 192.168.12.1 255.255.255.0	设置 IP 地址为 192.168.12.1/24
clock rate 56000	设置时钟频率为 56000
exit	返回上级配置模式
interface Serial3/0	进入端口 Serial3/0 的配置模式
no shutdown	启用端口
ip address 192.168.14.1 255.255.255.0	设置 IP 地址为 192.168.14.1/24
clock rate 56000	设置时钟频率为 56000
exit	返回上级配置模式
router ospf 1	启用 OSPF 路由,自治系统号 1
network 192.168.11.0 0.0.0.255 area 1	添加路由网段 192.168.11.0 到区域 1
network 192.168.12.0 0.0.0.255 area 0	添加路由网段 192.168.12.0 到区域 0
network 192.168.14.0 0.0.0.255 area 0	添加路由网段 192.168.14.0 到区域 0
end	保存且退出
show ip protocol	显示路由选择协议参数
show ip ospf	显示 OSPF 路由信息
show ip ospf database	查看 OSPF 数据库

步骤 4:依次输入表 9-9 中的命令,配置 Router1。

表 9-9　Router1 配置命令及对应说明

命令	说明
enable	进入特权模式
configure terminal	进入全局配置模式
interface FastEthernet0/0	进入端口 FastEthernet0/0 的配置模式
ip address 192.168.13.1 255.255.255.0	设置 IP 地址为 192.168.13.1/24
no shutdown	启用端口
exit	返回上级配置模式
interface Serial2/0	进入端口 Serial2/0 的配置模式
no shutdown	启用端口
ip address 192.168.12.2 255.255.255.0	设置 IP 地址为 192.168.12.2/24

续表

命令	说明
clock rate 56000	设置时钟频率为 56000
exit	返回上级配置模式
interface Serial3/0	进入端口 Serial3/0 的配置模式
no shutdown	启用端口
ip address 192.168.15.2 255.255.255.0	设置 IP 地址为 192.168.15.2/24
clock rate 56000	设置时钟频率为 56000
exit	返回上级配置模式
router ospf 1	启用 OSPF 路由,自治系统号 1
network 192.168.13.0 0.0.0.255 area 2	添加路由网段 192.168.13.0 到区域 2
network 192.168.12.0 0.0.0.255 area 0	添加路由网段 192.168.12.0 到区域 0
network 192.168.15.0 0.0.0.255 area 0	添加路由网段 192.168.15.0 到区域 0
end	保存且退出
show ip protocol	显示路由选择协议参数
show ip ospf	显示 OSPF 路由信息
show ip ospf database	查看 OSPF 数据库

步骤 5:依次输入表 9-10 中的命令,配置 Router2。

表 9-10　Router2 配置命令及对应说明

命令	说明
enable	进入特权模式
configure terminal	进入全局配置模式
interface Serial2/0	进入端口 Serial2/0 的配置模式
no shutdown	启用端口
ip address 192.168.14.2 255.255.255.0	设置 IP 地址为 192.168.14.2/24
clock rate 56000	设置时钟频率为 56000
exit	返回上级配置模式
interface Serial3/0	进入端口 Serial3/0 的配置模式
no shutdown	启用端口
ip address 192.168.15.1 255.255.255.0	设置 IP 地址为 192.168.15.1/24
clock rate 56000	设置时钟频率为 56000
exit	返回上级配置模式
router ospf 1	启用 OSPF 路由,自治系统号 1
network 192.168.14.0 0.0.0.255 area 0	添加路由网段 192.168.14.0 到区域 0
network 192.168.15.0 0.0.0.255 area 0	添加路由网段 192.168.15.0 到区域 0
end	保存且退出
show ip protocol	显示路由选择协议参数
show ip ospf	显示 OSPF 路由信息
show ip ospf databas	查看 OSPF 数据库

步骤 6：在 PC0 的命令提示符中，执行"ping 192.168.13.2"命令，确认 PC0 和 PC1 之间能通信。

至此，本实验结束。学生在实验结束后，按照实验报告格式要求书写实验报告。

扫一扫：本章实验结果

* 第 10 章　网络地址转换 NAT/NAPT 配置

10.1　实验目标

（1）理解网络层 NAT 网络地址转换的原理及功能。

（2）掌握网络层静态 NAT 的配置，实现局域网访问互联网。

（3）掌握网络层 NAPT 的配置，实现局域网访问互联网。

10.2　相关知识要点

网络地址转换（Network Address Translation，NAT），被广泛应用于各种类型 Internet 接入方式和各种类型的网络中。原因很简单，NAT 不仅完美解决了 IP 地址不足的问题，而且还能够有效避免来自网络外部的攻击，隐藏并保护网络内部的计算机。

NAT 将网络划分为内部网络和外部网络，默认情况下，内网 IP 地址是无法被路由到外网的，内网主机要与外部 Internet 通信，IP 包到达 NAT 路由器时，IP 包头的源地址被替换成一个合法的外网 IP，并在 NAT 转发表中保存这条记录。当外部主机发送一个应答到内网时，NAT 路由器收到后，查看当前 NAT 转换表，用内网 IP 替换掉这个外网地址。

NAT 分为两种类型：NAT 和 NAPT（网络端口地址转换 IP 地址对应一个全局地址）。

静态 NAT：实现内部地址与外部地址一对一的映射。现实中，一般都用于服务器。

动态 NAT：定义一个地址池，自动映射，也是一对一的。现实中用得比较少。

NAPT：使用不同的端口来映射多个内网 IP 地址到一个指定的外网 IP 地址，多对一。

NAPT 采用端口多路复用方式。内部网络的所有主机均可共享一个合法外部 IP 地址实现对 Internet 的访问，从而最大限度地节约 IP 地址资源。同时，又可隐藏网络内部的所有主机,有效避免来自 Internet 的攻击。因此,目前网络中应用最多的就是端口多路复用方式。

10.3　实验内容与步骤

实验 10.1　网络地址转换 NAT 配置

【实验环境】

Cisco Packet Tracer 网络实验平台。

【模拟器材】

PC 1 台、Router-PT 路由器 2 台、交叉线 2 根、DCE 串口线 1 根、Server 1 台。

【实验背景】

将内网 Web 服务器 IP 地址映射为全局 IP 地址,实现外部网络可以访问内部 Web 服务器。

【实验步骤】

步骤 1:打开 Cisco Packet Tracer,新建文件。根据图 10-1 在工作区中建立模拟网络。

步骤 2:配置 Server0 的 IP 地址为 192.168.1.2,子网掩码为 255.255.255.0,默认网关为 192.168.1.1;配置 PC0 的 IP 地址为 222.0.2.2,子网掩码为 255.255.255.0,默认网关为 222.0.2.1。

步骤 3:依次输入表 10-1 中的命令,配置 Router0。

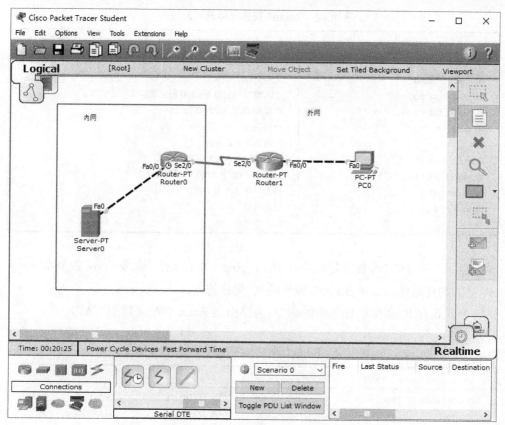

图 10-1　网络地址转换 NAT 配置实验的模拟网络拓扑图

表 10-1　Route0 配置命令及对应说明

命令	说明
enable	进入特权模式
configure terminal	进入全局配置模式
interface FastEthernet0/0	进入端口 FastEthernet0/0 的配置模式
ip address 192.168.1.1 255.255.255.0	设置 IP 地址为 192.168.1.1/24
no shutdown	启用端口
exit	返回上级配置模式
interface Serial2/0	进入端口 Serial2/0 的配置模式
ip address 222.0.1.1 255.255.255.0	设置 IP 地址为 222.0.1.1/24
clock rate 64000	设置时钟频率为 64000
no shutdown	启用端口
exit	返回上级配置模式
ip route 222.0.2.0 255.255.255.0 222.0.1.2	路由 222.0.2.0/24 到 222.0.1.2

步骤 4：依次输入表 10-2 中的命令，配置 Route1。

表 10-2　Route1 配置命令及对应说明

命令	说明
enable	进入特权模式
configure terminal	进入全局配置模式
interface FastEthernet0/0	进入端口 FastEthernet0/0 的配置模式
ip address 222.0.2.1 255.255.255.0	设置 IP 地址为 222.0.2.1/24
no shutdown	启用端口
exit	返回上级配置模式
interface Serial2/0	进入端口 Serial2/0 的配置模式
ip address 222.0.1.2 255.255.255.0	设置 IP 地址为 222.0.1.2/24
clock rate 64000	设置时钟频率为 64000
no shutdown	启用端口
end	保存且退出

步骤 5：在 PC0 的命令提示符中，执行"ping 192.168.1.2"命令，测试 PC0 与 Server0 之间的连通性。由于 Server0 处于内网，无法连通。

步骤 6：依次输入表 10-3 中的命令，为路由器 Router0 配置静态 NAT。

表 10-3　Route0 配置 NAT 的命令及对应说明

命令	说明
interface FastEthernet0/0	进入端口 FastEthernet0/0 的配置模式
ip nat inside	设置为 nat 的入口
exit	返回上级配置模式
interface Serial2/0	进入端口 Serial2/0 的配置模式
ip nat outside	设置为 nat 的出口
exit	返回上级配置模式
ip nat inside source static 192.168.1.2 222.0.1.3	为 192.168.1.2 和 222.0.1.3 创建一对一的映射关系
end	保存且退出
show ip nat translations	查看 NAT 映射信息

步骤 7：在 PC0 配置窗口中，点击 Desktop 选项卡中的"Web Browse"按钮。在 PC0 的"Web Browser"中访问"http：//222.0.1.3"，验证 NAT 配置成功，PC0 能通过访问 Server0 的 HTTP 服务，如图 10-2 所示。

图 10-2　PC0 访问 Server0 的 HTTP 服务成功

至此,本实验结束。

实验 10.2　网络地址转换 NAPT 配置实验

【实验环境】

Cisco Packet Tracer 网络实验平台。

【模拟器材】

PC 2 台、Router-PT 路由器 2 台、交叉线 1 根、直连线 3 根、DCE 串口线 1 根、Server1 台、Cisco 2960 交换机 1 台。

【实验背景】

要求内网所有主机通过一个外部 IP 地址访问外网。

【实验步骤】

步骤 1:打开 Cisco Packet Tracer,新建文件。根据图 10-3 在工作区中建立模拟网络。

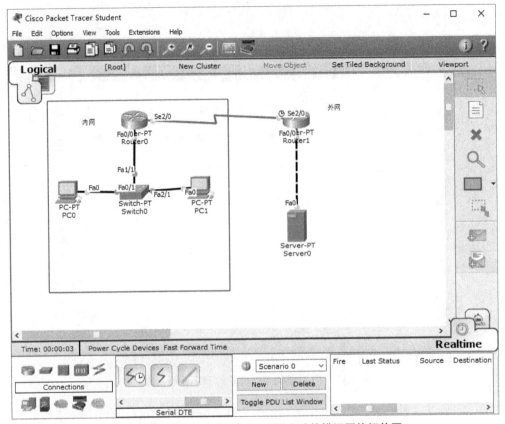

图 10-3　网络地址转换 NAPT 配置实验的模拟网络拓扑图

步骤 2:配置 Server0 的 IP 地址为 200.1.2.2,子网掩码为 255.255.255.0,默认网关为 200.1.2.1;配置 PC0 的 IP 地址为 192.168.1.2,子网掩码为 255.255.255.0,默认网关为 192.168.1.1;配置 PC1 的 IP 地址为 192.168.1.3,子网掩码为 255.255.255.0,默认网关为 192.168.1.1。

步骤 3:依次输入表 10-4 中的命令,配置 Router0。

表 10-4　Route0 配置命令及对应说明

命令	说明
enable	进入特权模式
configure terminal	进入全局配置模式
interface FastEthernet0/0	进入端口 FastEthernet0/0 的配置模式
ip address 192.168.1.1 255.255.255.0	设置 IP 地址为 192.168.1.1/24
no shutdown	启用端口
exit	返回上级配置模式
interface Serial2/0	进入端口 Serial2/0 的配置模式
ip address 200.1.1.1 255.255.255.0	设置 IP 地址为 200.1.1.1/24

命令	说明
clock rate 64000	设置时钟频率为 64000
no shutdown	启用端口
exit	返回上级配置模式
ip route 200.1.2.0 255.255.255.0 200.1.1.2	路由 200.1.2.0/24 到 220.1.1.2

步骤 4：依次输入表 10-5 中的命令，配置 Route1。

表 10-5　Route1 配置命令及对应说明

命令	说明
enable	进入特权模式
configure terminal	进入全局配置模式
interface FastEthernet0/0	进入端口 FastEthernet0/0 的配置模式
ip address 200.1.2.1 255.255.255.0	设置 IP 地址为 200.1.2.1/24
no shutdown	启用端口
exit	返回上级配置模式
interface Serial2/0	进入端口 Serial2/0 的配置模式
ip address 200.1.1.2 255.255.255.0	设置 IP 地址为 200.1.1.2/24
clock rate 64000	设置时钟频率为 64000
no shutdown	启用端口
end	保存且退出

步骤 5：在 PC0、PC1、Server0 上分别使用"ping"命令，测试互相之间的网络连通性。由于 PC0、PC1 处于内网，PC0、PC1 之间可以连通，PC0、PC1 均与 Server0 无法连通。

步骤 6：依次输入表 10-6 中的命令，为路由器 Router0 配置 NAPT。

表 10-6　Route0 配置 NAPT 的命令及对应说明

命令	说明
interface FastEthernet0/0	进入端口 FastEthernet0/0 的配置模式
ip nat inside	设置为 nat 的入口
exit	返回上级配置模式
interface Serial2/0	进入端口 Serial2/0 的配置模式
ip nat outside	设置为 nat 的出口
exit	返回上级配置模式
access-list 1 permit 192.168.1.0 0.0.0.255	创建 access-list 1 允许 192.168.1.0/24 地址
ip nat pool tju 200.1.1.1 200.1.1.1 netmask 255.255.255.0	创建名为 tju 的 nat 池，开始地址和结束地址均为 200.1.1.1/24
ip nat inside source list 1 pool tju overload	将 access-list 1 与 nat 池 tju 创建一对一的映射关系
show ip nat translations	查看 NAT 映射信息

步骤 7：在 PC0 的"Web Browser"中访问"http：//200.1.2.2"，验证 NAPT 配置成功，PC0 能通过访问 Server0 的 HTTP 服务。

步骤 8：在路由器 Router0 中执行命令"show ip nat translations"，此时显示有 1 条 NAT 转换结果，如图 10-4 所示。

```
Router#show ip nat translations
Pro  Inside global     Inside local     Outside local      Outside global
tcp 200.1.1.1:1027     192.168.1.2:1027  200.1.2.2:80       200.1.2.2:80
```

图 10-4　NAT 转换结果 1

步骤 9：在 PC1 的"Web Browser"中访问"http：//200.1.2.2"，验证 NAPT 配置成功，PC1 能通过访问 Server0 的 HTTP 服务。

步骤 10：在路由器 Router0 中执行命令"show ip nat translations"，此时显示有 2 条 NAT 转换结果，如图 10-5 所示。

```
Router#show ip nat translations
Pro  Inside global     Inside local     Outside local      Outside global
tcp 200.1.1.1:1025     192.168.1.3:1025  200.1.2.2:80       200.1.2.2:80
tcp 200.1.1.1:1027     192.168.1.2:1027  200.1.2.2:80       200.1.2.2:80
```

图 10-5　NAT 转换结果 2

至此，本实验结束。学生在实验结束后，按照实验报告格式要求书写实验报告。

扫一扫：本章实验结果

*第 11 章　无线局域网组建与配置

11.1　实验目标

（1）理解无线局域网基本组建原理。
（2）掌握无线路由器的基本配置方法。

11.2　相关知识要点

无线局域网（Wireless Local Area Network，WLAN）由无线网卡、接入控制器设备（Access Controller，AC）、无线接入点（Access Point，AP）、计算机和有关设备组成。下面以最广泛使用的无线网卡为例说明 WLAN 的工作原理。

一个无线网卡主要包括网卡（NIC）单元、扩频通信机和天线 3 个功能块。NIC单元属于数据链路层,由它负责建立主机与物理层之间的连接。扩频通信机与物理层建立了对应关系,实现无线电信号的接收与发射。当计算机要接收信息时,扩频通信机通过网络天线接收信息,并对该信息进行处理,判断是否要发给 NIC 单元,如是则将信息帧上交给 NIC 单元,否则便丢弃。如果扩频通信机发现接收到的信息有错,则通过天线发送给对方一个出错信息,通知发送端重新发送此信息帧。当计算机要发送信息时,主机先将待发送的信息传送给 NIC 单元,由 NIC 单元首先监测信道是否空闲,若空闲立即发送,否则暂不发送,并继续监测。可以看出, WLAN 的工作方式与 IEEE 802.3 定义的有线网络的载体监听多路访问 / 冲突检测（CSMA/CD）工作方式很相似。

11.3　实验内容与步骤

实验 11.1　无线局域网组建

【实验环境】

Cisco Packet Tracer 网络实验平台。

【模拟器材】

Server 1 台、Router-PT 路由器 2 台、WRT300N 无线路由器 1 台、交叉线 2 根、DCE 串口线 1 根、SmartDevice 2 台。

【实验步骤】

步骤 1:打开 Cisco Packet Tracer,新建文件。根据图 11-1 在工作区中建立模拟网络。

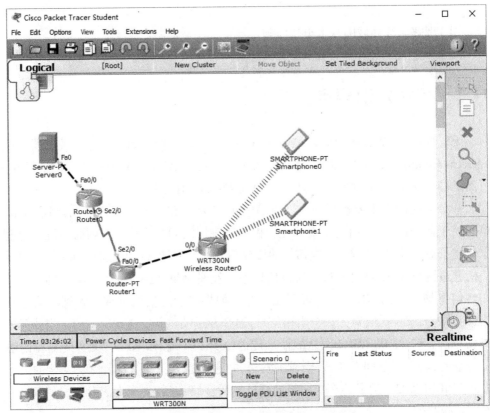

图 11-1　无线局域网组建实验的模拟网络拓扑图

步骤 2:配置 Server0 的 IP 地址为 192.16.10.11,子网掩码为 255.255.255.0,默认网关为 192.16.10.1。

步骤 3:依次输入表 11-1 中的命令,配置 Route0。

表 11-1　Route0 配置命令及对应说明

命令	说明
enable	进入特权模式
configure terminal	进入全局配置模式
interface FastEthernet0/0	进入端口 FastEthernet0/0 的配置模式
ip address 192.16.10.1 255.255.255.0	设置 IP 地址为 192.16.10.1/24
no shutdown	启用端口
exit	返回上级配置模式
interface Serial2/0	进入端口 Serial2/0 的配置模式
clock rate 64000	设置时钟频率为 64000
ip address 192.10.1.1 255.255.255.0	设置 IP 地址为 192.10.1.1/24
no shutdown	启用端口
exit	返回上级配置模式
route rip	启用 RIP 路由
version 2	配置所用 RIP 版本为 2
network 192.16.10.0	添加路由网段 192.16.10.0
network 192.10.1.0	添加路由网段 192.10.1.0
end	保存且退出

步骤 4：依次输入表 11-2 中的命令，配置 Route1。

表 11-2　Route1 配置命令及对应说明

命令	说明
enable	进入特权模式
configure terminal	进入全局配置模式
interface FastEthernet0/0	进入端口 FastEthernet0/0 的配置模式
ip address 192.16.20.1 255.255.255.0	设置 IP 地址为 192.16.20.1/24
no shutdown	启用端口
exit	返回上级配置模式
interface Serial2/0	进入端口 Serial2/0 的配置模式
clock rate 64000	设置时钟频率为 64000
ip address 192.10.1.2 255.255.255.0	设置 IP 地址为 192.10.1.2/24
no shutdown	启用端口
exit	返回上级配置模式
route rip	启用 RIP 路由
version 2	配置所用 RIP 版本为 2
network 192.16.20.0	添加路由网段 192.16.20.0
network 192.10.1.0	添加路由网段 192.10.1.0
end	保存且退出

步骤 5：打开 Wireless Router0 的配置窗口，点击 GUI 选项卡，进入无线路由器的配置网页。

步骤 6：在 Wireless Router0 的 Setup 配置页中修改 Internet 的连接方式为静态

IP,IP 地址为 192.16.20.21,子网掩码为 255.255.255.0,默认网关 192.16.20.1。路由器 IP 地址为 192.168.0.1。启用 DHCP 服务,开始地址为 192.168.0.100。点击页面最下方的 "Save Settings" 保存设置。具体配置如图 11-2 和图 11-3 所示。

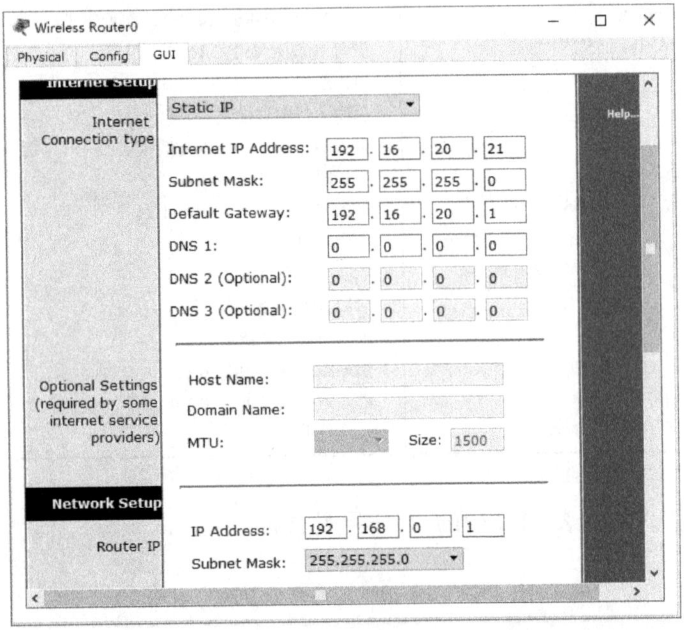

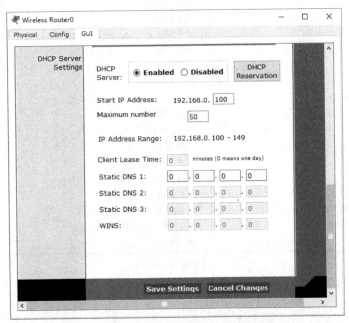

图 11-2 Wireless Router0 的 Setup 配置页 1

图 11-3 Wireless Router0 的 Setup 配置页 2

　　步骤 7：进入 Wireless Router0 的 Wireless 配置页，打开 Wireless Setting 配置区，设置网络名称 SSID 为 TJU，点击页面最下方的"Save Settings"保存设置，如图 11-4 所示。

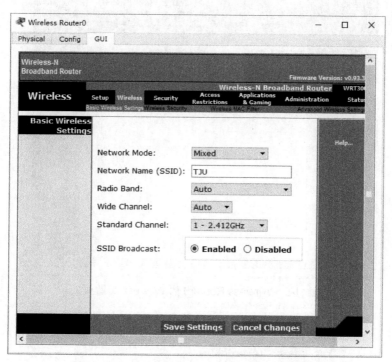

图 11-4　Wireless Router0 的 Wireless 配置页 1

　　步骤 8：进入 Wireless Router0 的 Wireless 配置页，打开 Wireless Security 配置区，设置无线网络加密方式为"WPA2 Personal"，加密方式"AES"，密码"12345678"，点击页面最下方的"Save Settings"保存设置，如图 11-5 所示。

　　步骤 9：打开 Smartphone0 配置窗口，点击 Config 选项卡，进入 Wireless0 项，配置 SSID 为 TJU，无线认证方式为 WPA2-PSK，加密方式为 AES，密码为 12345678，如图 11-6 所示。

　　步骤 10：参考步骤 8，配置 Smartphone1。

　　步骤 11：在 Smartphone0 的"Web Browser"中访问"http：//192.16.10.11"，验证无线局域网组网成功，Smartphone0 能访问到 Server0 的 HTTP 服务，如图 11-7 所示。

　　步骤 12：参考步骤 11，使用 Smartphone1 验证。

　　至此，本实验结束。学生在实验结束后，按照实验报告格式要求书写实验报告。

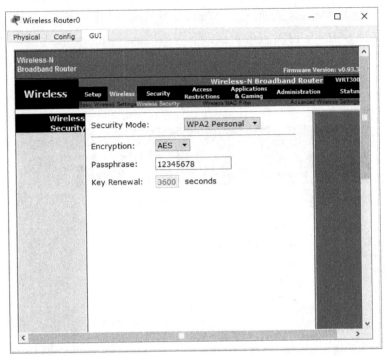

图 11-5　Wireless Router0 的 Wireless 配置页 2

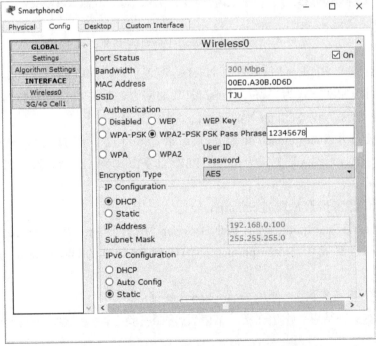

图 11-6　配置 Smartphone0 的无线网连接

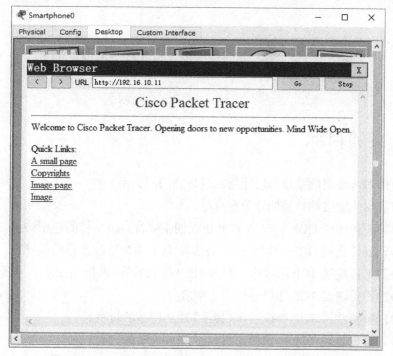

图 11-7　Smartphone0 访问 Server0 的 HTTP 服务成功

扫一扫:本章实验结果

第 12 章　传输层协议分析

12.1　实验目标

（1）理解传输层的端口与应用层的进程之间的关系。

（2）了解传输层端口号的划分和分配。

（3）熟悉传输层 UDP 协议与 TCP 协议的主要特点及支持的应用协议。

（4）理解传输层 UDP 协议无连接通信与 TCP 面向连接通信的差异。

（5）熟悉传输层 TCP 协议报文段和 UDP 报文的数据封装格式。

（6）熟悉传输层 TCP 协议通信的 3 个阶段。

（7）理解传输层 TCP 协议三次"握手"建立连接的过程。

（8）理解传输层 TCP 协议四次"挥手"释放连接的过程。

12.2　相关知识要点

12.2.1　传输层的端口号

在一个主机中经常有多个应用进程需要和其他主机的进程进行通信,因此,给主机中的应用进程赋予一个唯一标识符是必需的。TCP/IP 引入了"端口号"的概念,IP 地址用于标识主机,而端口用于标识该主机中的进程。

端口是传输层的应用程序接口,应用层的各个进程都需要通过相应的端口才能与传输实体进行交互。端口是通过端口号来标记的, TCP/IP 的传输层用一个无符号的 16 位二进制数来标志一个端口。16 位二进制数可以产生 65 536 个不同的端口号。端口号只有整数,范围是 0~65 535。

端口号通常分为以下两种。

1. 常用端口

数值为 0~1 023,它们一般固定分配给一些服务。表 12-1 给出了一些常用的端口号。

表 12-1　常用端口号

应用程序	FTP	Telnet	SMTP	DNS	TFTP	HTTP	POP3	BGP
常用端口号	21	23	25	53	69	80	110	179

2. 动态端口

数值为 1 024~65 535。这些端口号一般不固定分配给某个服务,即各服务都可以使用这些端口。只要运行的程序向系统提出访问网络的申请,那么系统就可以从这些端口号中分配一个供该程序使用。

12.2.2　传输层的两个主要协议

用户数据报协议(User Datagram Protocol, UDP)与传输控制协议(Transmission Control Protocol,TCP)是 TCP/IP 传输层中的两个主要协议。

UDP 是一个简单的面向数据报的传输层协议。它有如下几个主要特点:无连接;尽最大努力交付,不提供可靠性;面向报文;支持一对一、一对多、多对一、多对多的交互通信,组播及广播功能强大。

无连接是其最主要的特点。正是由于 UDP 的无连接性,使得它不能保证发送出去的数据能到达目的地。但是另一方面,由于 UDP 在传输数据报前不用在客户和服务器之间建立一个连接,且没有超时重发等机制,因此传输速率很快,报文段的首部字段也很简单,只有 8 B。UDP 支持的应用层协议主要有 DNS、NFS、SNMP、TFTP等,如图 12-1 所示。

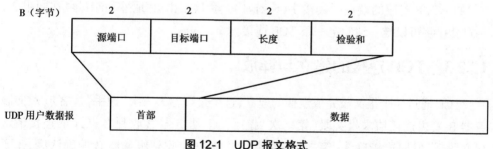

图 12-1　UDP 报文格式

TCP 提供可靠的通信服务,它的主要特点有:面向连接;提供可靠交付的服务;基于字节流,而非消息流;不支持多播(Multicast)和广播(Broadcast)。

TCP 面向连接的可靠交付特点保证了它能够提供超时重发、丢弃重复数据、检验数据、流量控制等功能,保证数据能从一端传到另一端,无差错、不丢失、不重复、不失序。当然,可靠性的保证也是要付出代价的, TCP 的客户和服务器彼此交换数据前,必须先在双方之间建立一个 TCP 连接,之后才能传输数据,因此它的传输速率就比

UDP 慢。同时,其报文段的首部字段也比 UDP 要长且复杂得多。为了保证可靠性,
TCP 数据段中还包含序号。序号可以识别缺少的数据段,并且允许按正常顺序重新
组合数据段,如图 12-2 所示。

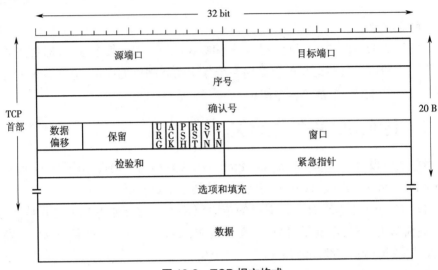

图 12-2　TCP 报文格式

TCP 支持的应用协议主要有 HTTP、Telnet、FTP、SMTP 等。在互联网上,TCP 相
对 UDP 的应用更加广泛,因为 TCP 的双向互动特性能满足用户的实时需求,而 UDP
则过于被动。

每一条 TCP 的连接都有且只有两个端点,每一条 TCP 连接只能是点到点(一对
一)的。TCP 连接的端点叫套接字(Socket)。套接字由 IP 地址和端口号共同组成,
一对套接字可以唯一地确定一条 TCP 连接。

12.2.3　TCP 连接的建立与释放

TCP 通过 3 个报文段完成连接的建立,这个过程称为三次"握手"。客户 A 向服
务器 B 发出连接请求报文段(第一次"握手")。服务器 B 收到客户 A 的连接请求
报文段后,发回连接确认(第二次"握手")。客户 A 收到服务器 B 的确认后,还要
向服务器 B 发送确认(第三次"握手")。此时,TCP 连接已建立,当服务器 B 收到该
确认后,完成三次"握手",客户端与服务器开始传送数据。连接可以由任一方或双
方发起,一旦连接建立,数据就可以双向对等地流动,而没有所谓的主从关系。三次
"握手"协议可以完成两个重要功能,确保连接双方做好传输准备;使双方统一初始
顺序号。两台计算机仅仅使用 3 个"握手"报文就能协商好各自的数据流的顺序号,
如图 12-3 所示。

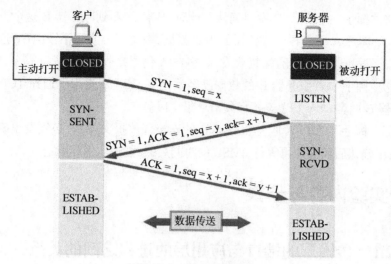

图 12-3　TCP 连接建立

　　如图 12-4 所示,当一对 TCP 连接的双方数据通信完毕,任何一方都可以发起连接释放请求。TCP 采用和三次"握手"类似的方法,即四次"挥手"的方式释放连接。释放连接的操作可以看成由两个方向上分别释放连接的操作构成。我们假设客户 A 先提出释放连接的请求。

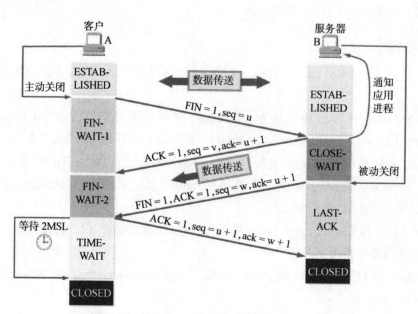

图 12-4　TCP 连接释放

　　第一次"挥手":客户 A 的应用进程先向服务器 B 发出连接释放报文段,并停止发送数据,主动关闭 TCP 连接。

第二次"挥手":服务器 B 发出确认。此时,从客户 A 到服务器 B 这个方向的连接就释放了,客户 A 不能再向服务器 B 发送数据,因此不再消耗序号,TCP 连接处于半关闭状态,服务器 B 若还有数据要发送,客户 A 仍要接收。

第三次"挥手":若服务器 B 的数据已经发完了,其应用进程就通知 TCP 释放连接。服务器 B 向客户 A 发送连接释放请求报文段。

第四次"挥手":客户 A 收到服务器 B 的连接释放报文段后,必须发出确认。客户 A 在发出确认后还必须再等待 2MSL 的时间后,才能进入关闭状态。

12.3　实验内容与步骤

实验 12.1　传输层的端口与应用层的进程之间的关系

【实验环境】

Cisco Packet Tracer 网络实验平台。

【模拟器材】

PC 1 台、Server 1 台、交叉线 1 根。

【实验步骤】

步骤 1:打开 Cisco Packet Tracer,新建文件。根据图 12-1 在工作区中建立模拟网络。

步骤 2:配置 PC0 的 IP 地址为 192.168.1.1,子网掩码为 255.255.255.0,DNS 服务器地址为 192.168.1.2。Server0 的 IP 地址为 192.168.1.2,子网掩码为 255.255.255.0。

步骤 3:打开 Server0 的配置窗口,点击 Services 选项卡,点击"DNS"选项,打开并配置 Server0 的 DNS 服务,添加 1 条 A Record 资源记录,名称为 udp-tcp.org,地址为 192.168.1.2,如图 12-2 所示。

步骤 4:运行 Cisco Packet Tracer 的模拟模式,配置过滤器,仅拦截 DNS 与 HTTP 协议,开始截获数据报文。

步骤 5:在 PC0 的"Web Browser"中访问"http://udp-tcp.org"。最终运行效果如图 12-3 所示。

步骤 6:如图 12-4 所示,关闭 PC0 的配置窗口,回到模拟模式主窗口,点击"Auto Capture/Play"结束拦截,可以看到拦截到的 DNS 和 HTTP 事件。

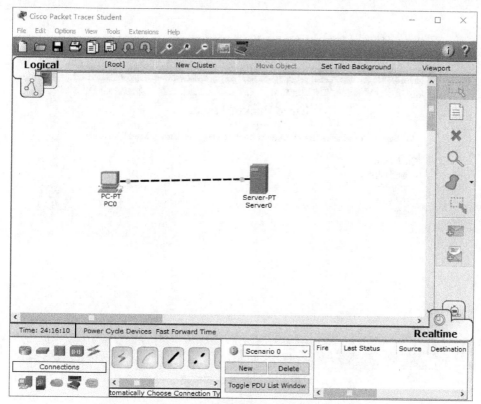

图 12-1　UDP 与 TCP 的端口号实验的模拟网络拓扑图

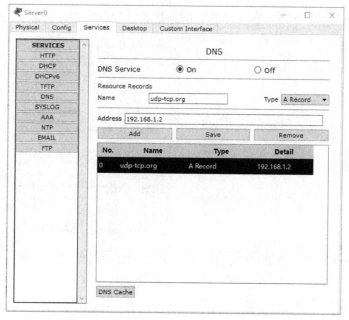

图 12-2　打开并配置 Sever0 的 DNS 服务

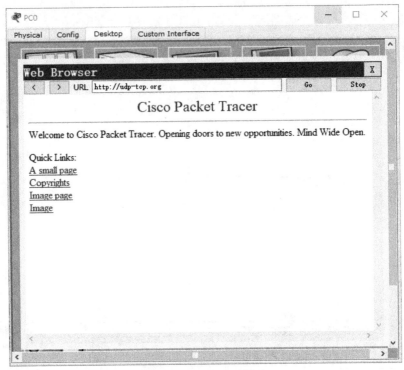

图 12-3　PC0 访问效果

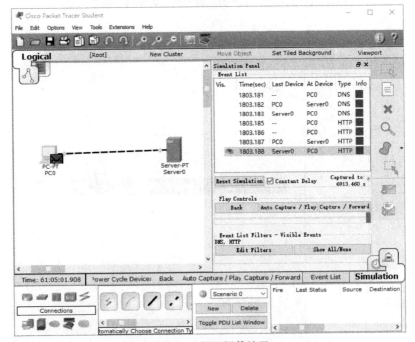

图 12-4　报文拦截结果

步骤 7：点击 Event List 区域中第一个 DNS 事件的 Info 列，打开 PDU Information 窗口，如图 12-5 所示。在 OSI Model 选项卡中可以看到 OSI 模型相关的入站和出站 PDU 信息。可以看到 DNS 协议在传输层中使用的是 UDP 协议，源端口为 1027，目标端口为 53。

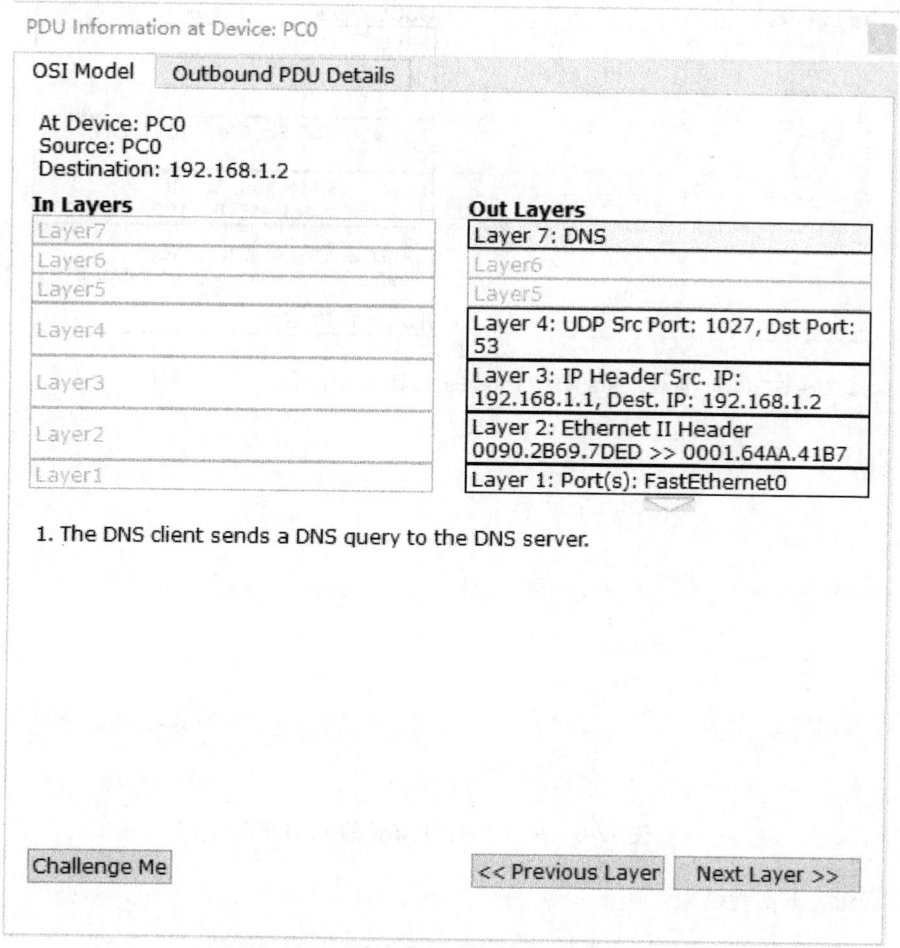

图 12-5　第一个 DNS 事件的 PDU 信息

步骤 8：参考步骤 7，查看第一个 HTTP 协议事件的 PDU 信息，可以看到 HTTP 协议在传输层中使用的是 TCP 协议，源端口为 1025，目标端口为 80，如图 12-6 所示。

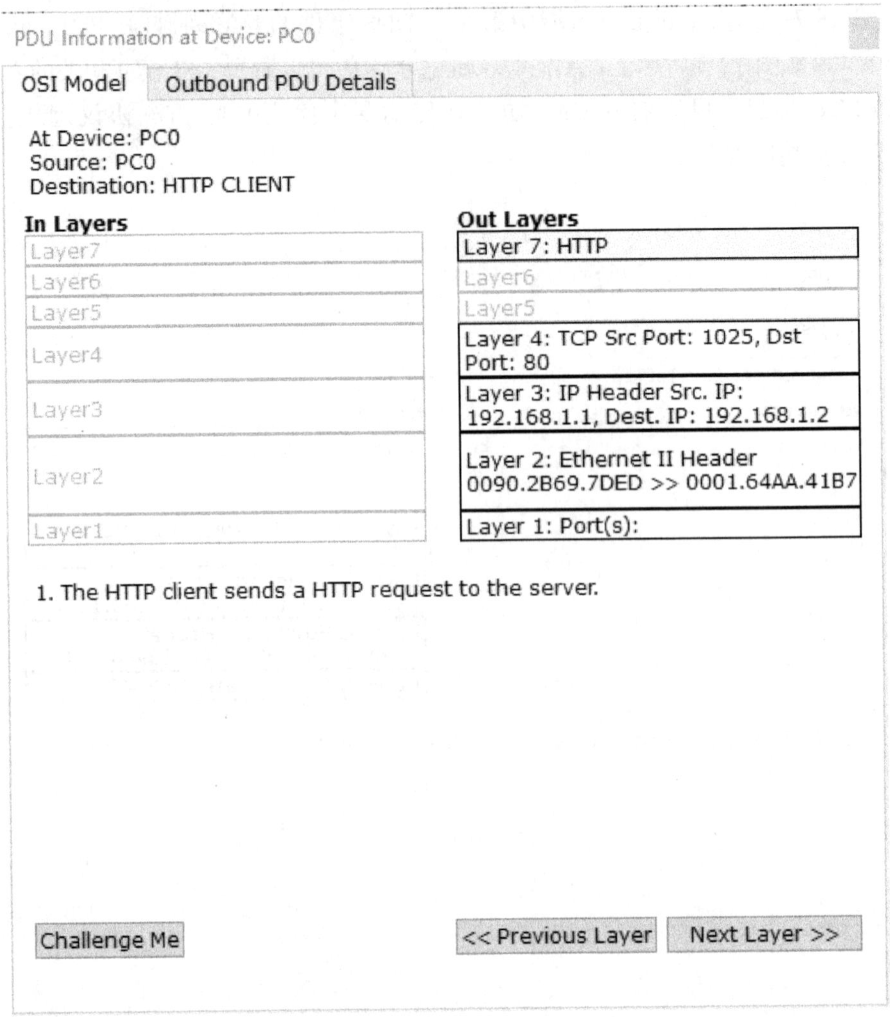

```
PDU Information at Device: PC0

OSI Model    Outbound PDU Details

At Device: PC0
Source: PC0
Destination: HTTP CLIENT

In Layers                        Out Layers
Layer7                           Layer 7: HTTP
Layer6                           Layer6
Layer5                           Layer5
Layer4                           Layer 4: TCP Src Port: 1025, Dst
                                 Port: 80
Layer3                           Layer 3: IP Header Src. IP:
                                 192.168.1.1, Dest. IP: 192.168.1.2
Layer2                           Layer 2: Ethernet II Header
                                 0090.2B69.7DED >> 0001.64AA.41B7
Layer1                           Layer 1: Port(s):

1. The HTTP client sends a HTTP request to the server.

Challenge Me          << Previous Layer    Next Layer >>
```

图 12-6   第一个 HTTP 事件的 PDU 信息

至此,本实验结束。

实验 12.2   UDP 与 TCP 的对比分析

【实验环境】

Cisco Packet Tracer 网络实验平台。

【模拟器材】

PC 1 台、Server 1 台、交叉线 1 根。

【实验步骤】

步骤 1：重复实验 12.1 的步骤 1 到步骤 3。

步骤 2：运行 Cisco Packet Tracer 的模拟模式，配置过滤器仅拦截 UDP 协议，开始截获数据报文。

步骤 3：在 PC0 的 "Web Browser" 中访问 "http://udp-tcp.org"。

步骤 4：关闭 PC0 的配置窗口，回到模拟模式主窗口，点击 "Auto Capture/Play" 结束拦截，可以看到拦截到的 DNS 事件，如图 12-7 所示。由于 DNS 使用的是 UDP，而 UDP 是无连接的，它直接将 DNS 数据包封装在 UDP 用户数据报中发送出去。因此本步骤捕获到的事件只有 DNS，而没有 UDP。

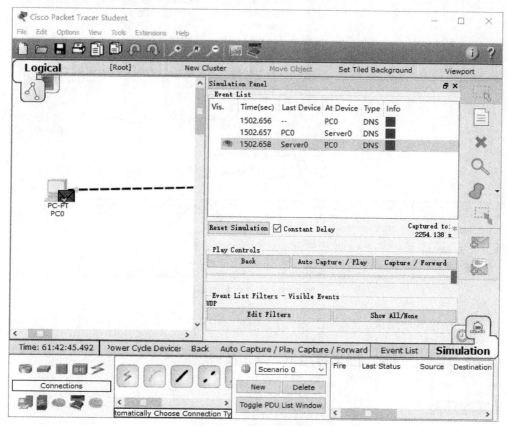

图 12-7　事件拦截结果

步骤 5：重置模拟，配置过滤器仅拦截 TCP 协议，开始截获数据报文。

步骤 6：重复步骤 3。

步骤 7：关闭 PC0 的配置窗口，回到模拟模式主窗口，点击 "Auto Capture/Play" 结束拦截，可以看到拦截到的 TCP 和 HTTP 事件，如图 12-8 所示。由于 HTTP 使用的是 TCP,而 TCP 是面向连接的,它在封装并发送 HTTP 数据包之前必须先建立一条 TCP 连接,且在 PC0 收到 Server0 的 HTTP 响应后还要释放 TCP 连接。因此本步骤捕获到的事件有 TCP 和 HTTP。

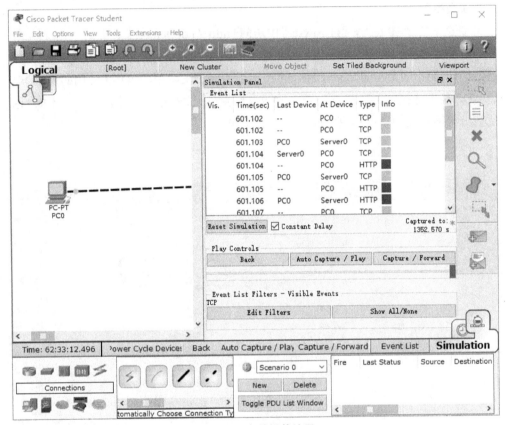

图 12-8　事件拦截结果

至此,本实验结束。

实验 12.3　TCP 连接的建立与释放

【实验环境】

Cisco Packet Tracer 网络实验平台。

【模拟器材】

PC 1 台、Server 1 台、交叉线 1 根。

【实验步骤】

步骤 1：重复实验 12.1 的步骤 1 到步骤 3。

步骤 2：运行 Cisco Packet Tracer 的模拟模式，配置过滤器仅拦截 TCP 协议，开始截获数据报文。

步骤 3：在 PC0 的 "Web Browser" 中访问 "http://udp-tcp.org"。

步骤 4：关闭 PC0 的配置窗口，回到模拟模式主窗口，点击 "Auto Capture/Play" 结束拦截，可以看到拦截到的 TCP 和 HTTP 事件，如图 12-9 所示。

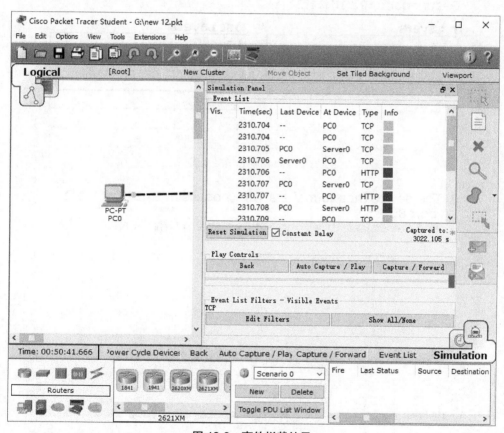

图 12-9　事件拦截结果

步骤 5：（第一次 "握手"）点击 Event List 区域中第一个 TCP 事件的 Info 列，打开 PDU Information 窗口，点击 OSI Model 选项卡中 Out Layers 的 Layer4，如图 12-10 所示。可以看到 PC0 将连接状态设置为 SYN_SENT。点击 Event List 区域中第二个 TCP 事件的 Info 列，打开 PDU Information 窗口，点击 OSI Model 选项卡中 Out Layers 的 Layer4，如图 12-11 所示。可以看到，PC0 将 TCP 窗口大小设置为 65 535 B，并将首部选项字段 MSS 的值设置为 1 460 B。PC0 向 Server0 发送一个

TCP SYN 报文段，记录该报文段中的 sequence number 字段和 ACK number 字段的值以及报文段的长度。

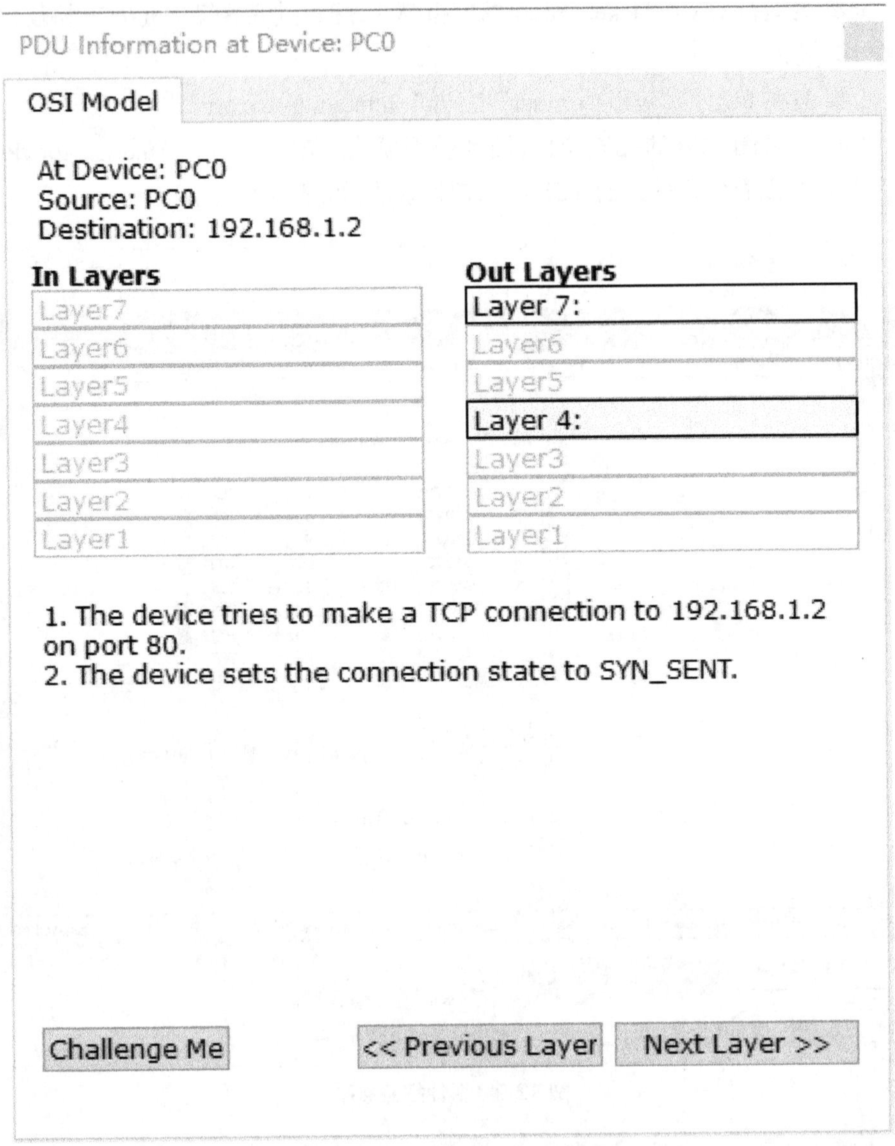

PDU Information at Device: PC0

OSI Model

At Device: PC0
Source: PC0
Destination: 192.168.1.2

In Layers

Layer7
Layer6
Layer5
Layer4
Layer3
Layer2
Layer1

Out Layers

Layer 7:
Layer6
Layer5
Layer 4:
Layer3
Layer2
Layer1

1. The device tries to make a TCP connection to 192.168.1.2 on port 80.
2. The device sets the connection state to SYN_SENT.

Challenge Me   << Previous Layer   Next Layer >>

图 12-10　第一个 TCP 事件的 PDU 信息

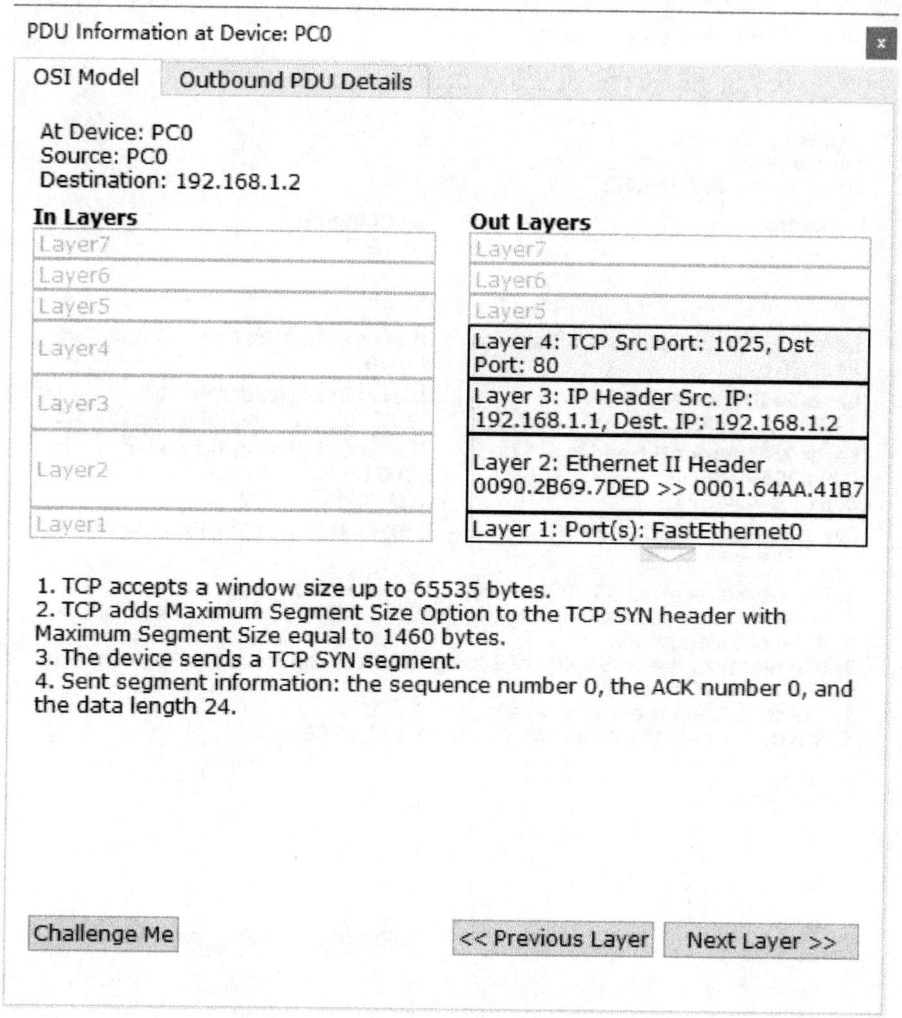

PDU Information at Device: PC0   [x]

OSI Model   Outbound PDU Details

At Device: PC0
Source: PC0
Destination: 192.168.1.2

In Layers   **Out Layers**

Layer7   Layer7
Layer6   Layer6
Layer5   Layer5
Layer4   Layer 4: TCP Src Port: 1025, Dst
                                           Port: 80
Layer3   Layer 3: IP Header Src. IP:
                                           192.168.1.1, Dest. IP: 192.168.1.2
Layer2   Layer 2: Ethernet II Header
                                           0090.2B69.7DED >> 0001.64AA.41B7
Layer1   Layer 1: Port(s): FastEthernet0

1. TCP accepts a window size up to 65535 bytes.
2. TCP adds Maximum Segment Size Option to the TCP SYN header with
Maximum Segment Size equal to 1460 bytes.
3. The device sends a TCP SYN segment.
4. Sent segment information: the sequence number 0, the ACK number 0, and
the data length 24.

Challenge Me   << Previous Layer   Next Layer >>

图 12-11   第二个 TCP 事件的 PDU 信息

步骤 6：（第二次"握手"）点击 Event List 区域中第三个 TCP 事件的 Info 列，打开 PDU Information 窗口，点击 OSI Model 选项卡中 In Layers 和 Out Layers 的 Layer4，如图 12-12 和图 12-13 所示。Server0 从端口 80 收到 PC0 发来的 TCP 同步报文段，取出首部的选项字段 MSS 的值，同意接收 PC0 的连接请求，并将其连接状态设置为 SYN_RECEIVED，TCP 将窗口大小设置为 16 384 B，同时将首部中的选项字段 MSS 值设置为 536 B。Server0 向 PC0 发送一个 TCP SYN-ACK 报文段，记录该报文段中的 sequence number 字段、ACK number 字段的值以及报文段的长度。

图 12-12　第三个 TCP 事件的 PDU 信息 1

步骤 7：(第三次"握手")点击 Event List 区域中第四个 TCP 事件的 Info 列,打开 PDU Information 窗口,点击 OSI Model 选项卡中 In Layers 和 Out Layers 的 Layer4,如图 12-14 和图 12-15 所示。PC0 收到 Server0 发来的 TCP 同步确认报文段,该报文段中的序号也正是原先期望收到的,连接成功, TCP 将窗口大小重置为 536 B,此时,PC0 将其连接状态设置为 ESTABLISHED。

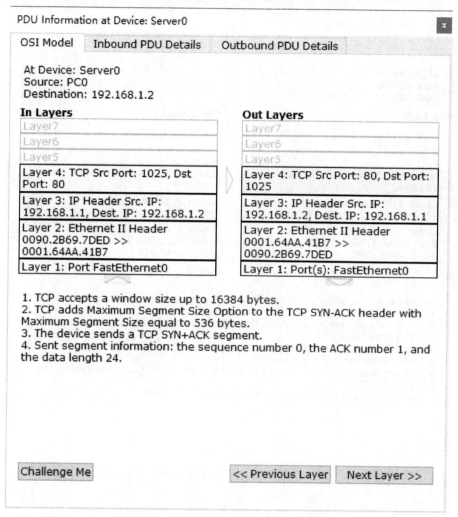

图 12-13　第三个 TCP 事件的 PDU 信息 2

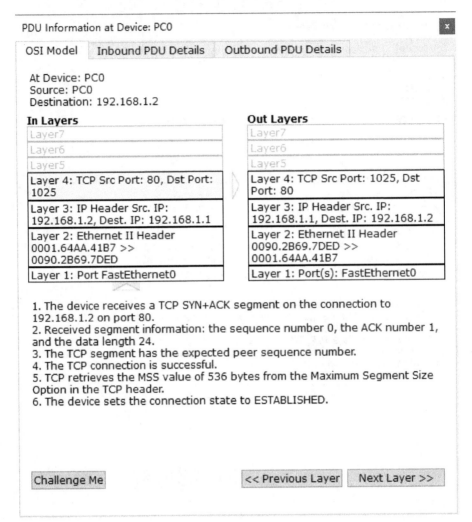

图 12-14　第四个 TCP 事件的 PDU 信息 1

　　PC0 向 Server0 发送一个 TCP ACK 报文段,记录该报文段中的 sequence number 字段和 ACK number 字段的值以及报文段的长度。点击 Event List 区域中系五个 TCP 事件的 Info 列,打开 PDU Information 窗口,点击 OSI Model 选项卡中 In Layers 的 Layer4,如图 12-16 所示。Server0 收到 PC0 发来的 TCP ACK 报文段,该报文段中的序号也正是原先期望收到的,连接成功,于是取出首部的选项字段 MSS 的值,同意接收 PC0 的连接请求,并将其连接状态设置为 ESTABLISHED。

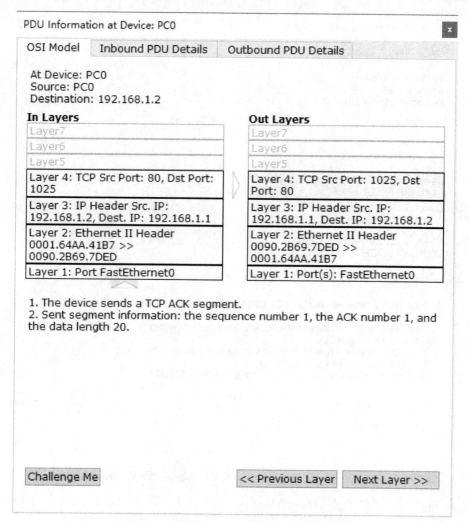

图 12-15　第四个 TCP 事件的 PDU 信息 2

步骤 8：（第一次"挥手"）点击 Event List 区域中第六个 TCP 事件的 Info 列,打开 PDU Information 窗口,点击 OSI Model 选项卡中 Out Layers 的 Layer4,如图 12-17 所示。PC0 关闭与 Server0 的 80 端口之间的 TCP 连接,将连接状态设置为 FIN_ WAIT_1。点击 Event List 区域中第七个 TCP 事件的 Info 列,打开 PDU Information 窗口,点击 OSI Model 选项卡中 Out Layers 的 Layer4,如图 12-18 所示。PC0 向 Server0 发送一个 TCP FIN+ACK 报文段,记录该报文段中的 sequence number 字段和 ACK number 字段的值以及报文段的长度。

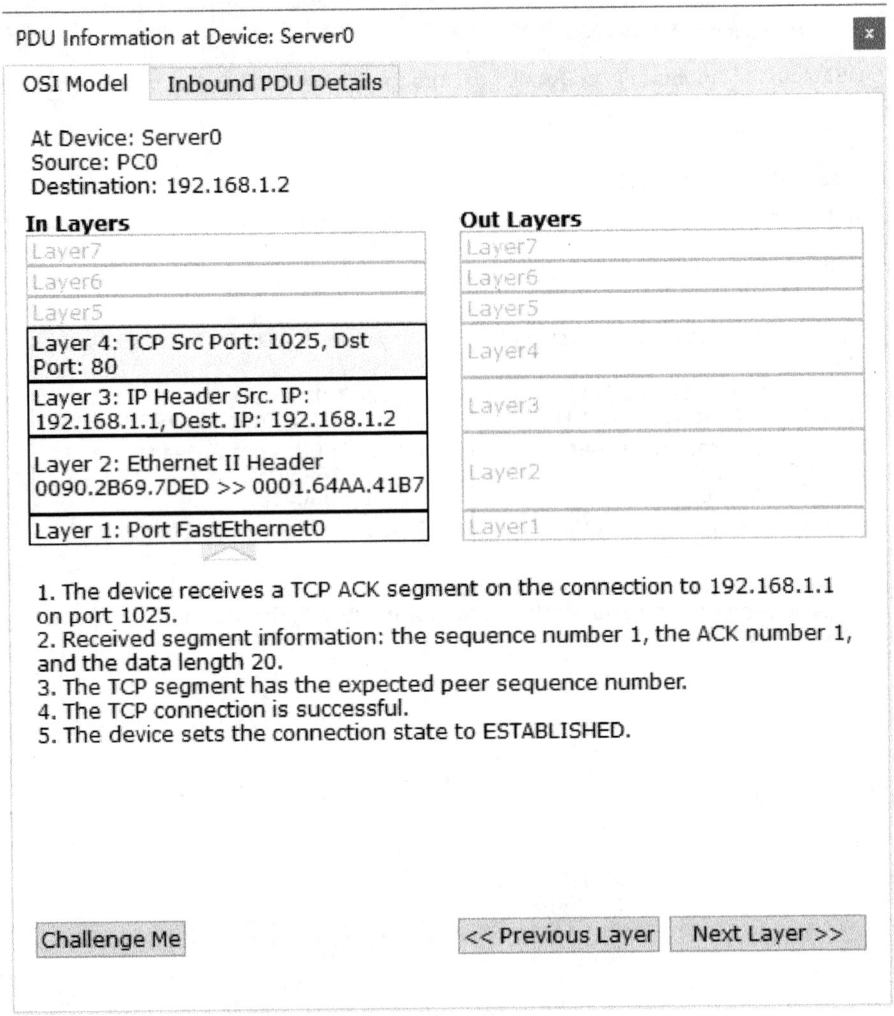

PDU Information at Device: Server0   ☒

OSI Model   Inbound PDU Details

At Device: Server0
Source: PC0
Destination: 192.168.1.2

In Layers   **Out Layers**

Layer7		Layer7
Layer6		Layer6
Layer5		Layer5

Layer 4: TCP Src Port: 1025, Dst
Port: 80   Layer4

Layer 3: IP Header Src. IP:
192.168.1.1, Dest. IP: 192.168.1.2   Layer3

Layer 2: Ethernet II Header
0090.2B69.7DED >> 0001.64AA.41B7   Layer2

Layer 1: Port FastEthernet0   Layer1

1. The device receives a TCP ACK segment on the connection to 192.168.1.1
on port 1025.
2. Received segment information: the sequence number 1, the ACK number 1,
and the data length 20.
3. The TCP segment has the expected peer sequence number.
4. The TCP connection is successful.
5. The device sets the connection state to ESTABLISHED.

Challenge Me   << Previous Layer   Next Layer >>

图 12-16   第五个 TCP 事件的 PDU 信息

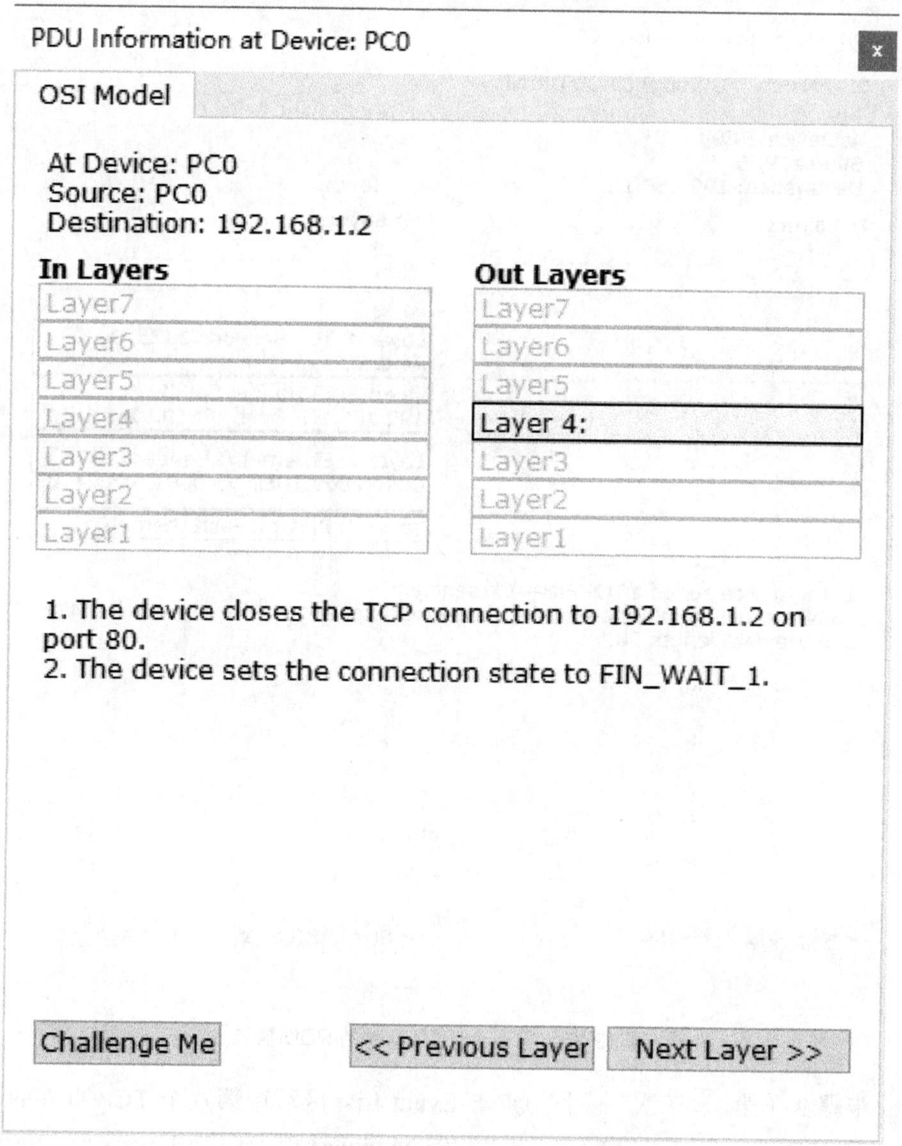

PDU Information at Device: PC0　　　　　　　　　　　　　　　　　x

OSI Model

At Device: PC0
Source: PC0
Destination: 192.168.1.2

In Layers

| Layer7 |
| Layer6 |
| Layer5 |
| Layer4 |
| Layer3 |
| Layer2 |
| Layer1 |

Out Layers

| Layer7 |
| Layer6 |
| Layer5 |
| Layer 4: |
| Layer3 |
| Layer2 |
| Layer1 |

1. The device closes the TCP connection to 192.168.1.2 on port 80.
2. The device sets the connection state to FIN_WAIT_1.

Challenge Me　　　　　　<< Previous Layer　　Next Layer >>

图 12-17　第六个 TCP 事件的 PDU 信息

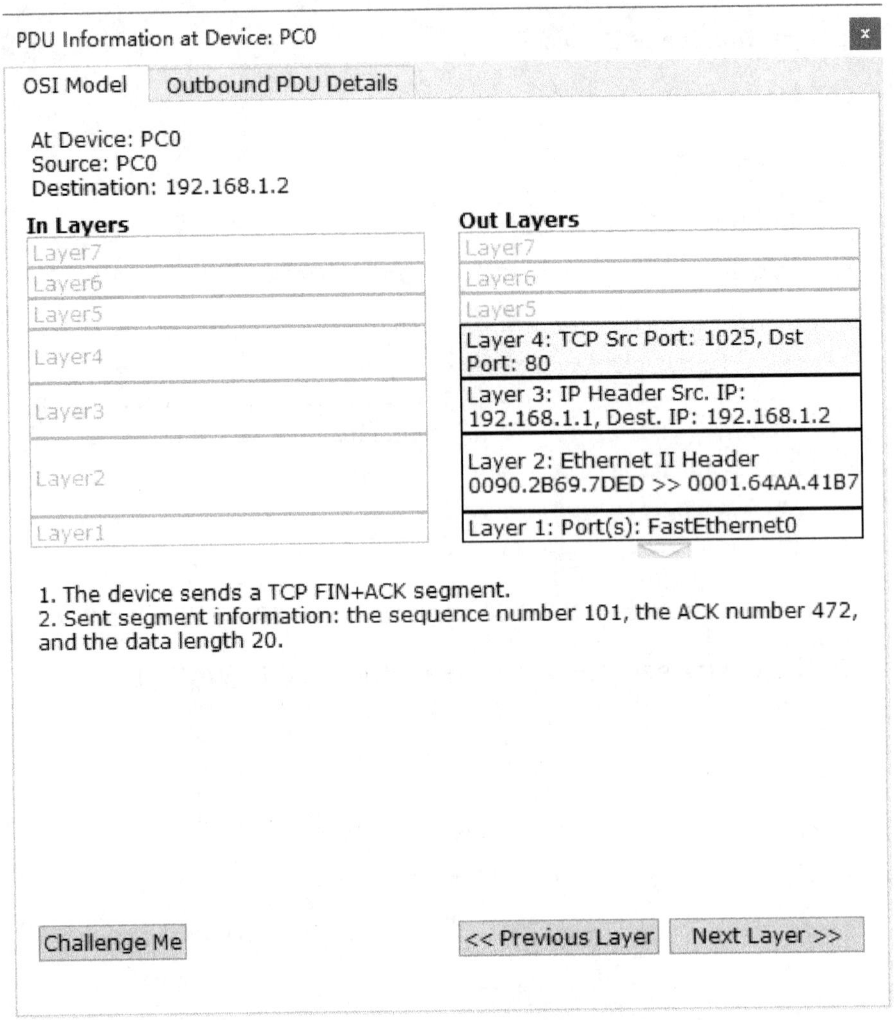

PDU Information at Device: PC0   ☒

| OSI Model | Outbound PDU Details |

At Device: PC0
Source: PC0
Destination: 192.168.1.2

In Layers

Layer7

Layer6

Layer5

Layer4

Layer3

Layer2

Layer1

Out Layers

Layer7

Layer6

Layer5

Layer 4: TCP Src Port: 1025, Dst Port: 80

Layer 3: IP Header Src. IP: 192.168.1.1, Dest. IP: 192.168.1.2

Layer 2: Ethernet II Header 0090.2B69.7DED >> 0001.64AA.41B7

Layer 1: Port(s): FastEthernet0

1. The device sends a TCP FIN+ACK segment.
2. Sent segment information: the sequence number 101, the ACK number 472, and the data length 20.

| Challenge Me | | << Previous Layer | Next Layer >> |

图 12-18　第七个 TCP 事件的 PDU 信息

　　步骤 9：(第二、三次"挥手")点击 Event List 区域中第八个 TCP 事件的 Info 列,打开 PDU Information 窗口,点击 OSI Model 选项卡中 In Layers 和 Out Layers 的 Layer4,如图 12-19 和图 12-20 所示。Server0 收到 PC0 的 1025 端口发来的 TCP FIN+ACK 报文段,该报文段中的序号也正是原先期望收到的, Server0 将其连接状态设置为 CLOSE-WAIT。Server0 从其缓存中取出最后一个 TCP FIN+ACK 报文段发送给 PC0,记录该报文段中的 sequence number 字段、ACK number 字段的值以及报文段的长度。此时 Server0 将其连接状态设置为 LAST_ ACK。(本实验中连接释放过程的第二、三次"挥手"是同时进行的。当双方均有数据需要发送,而只有一方数据发送完毕而关闭单方向的 TCP 连接时,第二、三次握手才需要分开进行。)

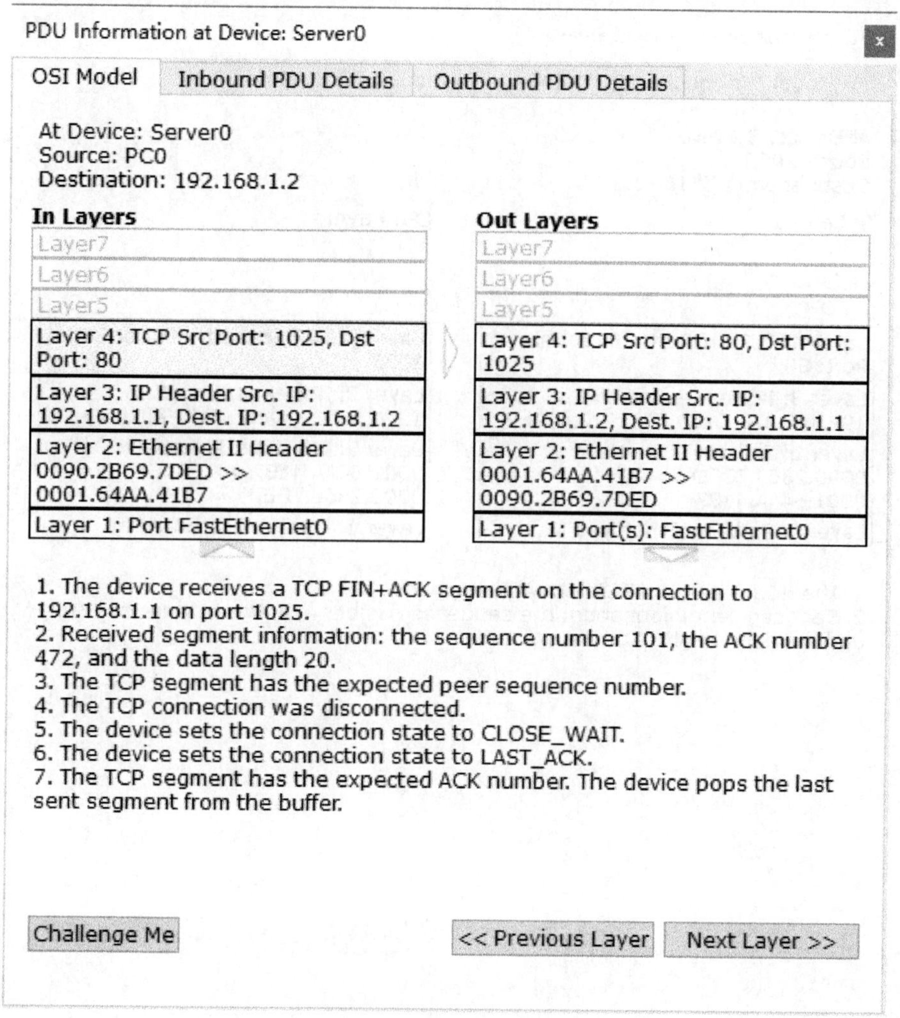

PDU Information at Device: Server0　　　　　　　　　　　x

OSI Model　　Inbound PDU Details　　Outbound PDU Details

At Device: Server0
Source: PC0
Destination: 192.168.1.2

In Layers

Layer7

Layer6

Layer5

Layer 4: TCP Src Port: 1025, Dst Port: 80

Layer 3: IP Header Src. IP: 192.168.1.1, Dest. IP: 192.168.1.2

Layer 2: Ethernet II Header 0090.2B69.7DED >> 0001.64AA.41B7

Layer 1: Port FastEthernet0

Out Layers

Layer7

Layer6

Layer5

Layer 4: TCP Src Port: 80, Dst Port: 1025

Layer 3: IP Header Src. IP: 192.168.1.2, Dest. IP: 192.168.1.1

Layer 2: Ethernet II Header 0001.64AA.41B7 >> 0090.2B69.7DED

Layer 1: Port(s): FastEthernet0

1. The device receives a TCP FIN+ACK segment on the connection to 192.168.1.1 on port 1025.
2. Received segment information: the sequence number 101, the ACK number 472, and the data length 20.
3. The TCP segment has the expected peer sequence number.
4. The TCP connection was disconnected.
5. The device sets the connection state to CLOSE_WAIT.
6. The device sets the connection state to LAST_ACK.
7. The TCP segment has the expected ACK number. The device pops the last sent segment from the buffer.

Challenge Me　　　　　　　<< Previous Layer　　Next Layer >>

图 12-19　第八个 TCP 事件的 PDU 信息 1

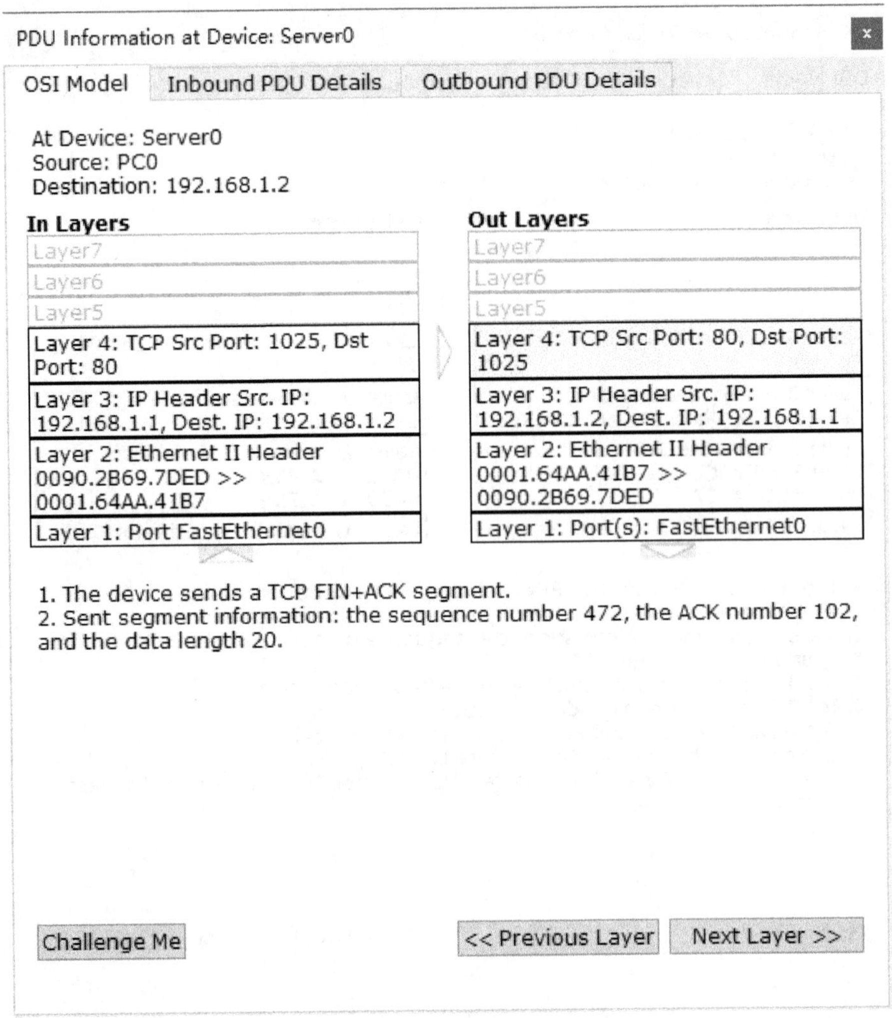

PDU Information at Device: Server0   [x]

OSI Model   Inbound PDU Details   Outbound PDU Details

At Device: Server0
Source: PC0
Destination: 192.168.1.2

In Layers   **Out Layers**

Layer7	Layer7
Layer6	Layer6
Layer5	Layer5

In Layers	Out Layers
Layer 4: TCP Src Port: 1025, Dst Port: 80	Layer 4: TCP Src Port: 80, Dst Port: 1025
Layer 3: IP Header Src. IP: 192.168.1.1, Dest. IP: 192.168.1.2	Layer 3: IP Header Src. IP: 192.168.1.2, Dest. IP: 192.168.1.1
Layer 2: Ethernet II Header 0090.2B69.7DED >> 0001.64AA.41B7	Layer 2: Ethernet II Header 0001.64AA.41B7 >> 0090.2B69.7DED
Layer 1: Port FastEthernet0	Layer 1: Port(s): FastEthernet0

1. The device sends a TCP FIN+ACK segment.
2. Sent segment information: the sequence number 472, the ACK number 102, and the data length 20.

Challenge Me   << Previous Layer   Next Layer >>

图 12-20   第八个 TCP 事件的 PDU 信息 2

步骤 10：(第四次"挥手")点击 Event List 区域中第九个 TCP 事件的 Info 列，打开 PDU Information 窗口，点击 OSI Model 选项卡中 In Layers 和 Out Layers 的 Layer4，如图 12-21 和图 12-22 所示。PC0 收到 Server0 从 80 端口发来的 TCP FIN+ACK 报文段，该报文段中的序号也正是原先期望收到的。PC0 向 Server0 发送一个 TCP 确认(ACK)报文段，记录该报文段中的 sequence number(序号)字段、ACK number(确认号)字段的值以及报文段的长度，此时 PC0 进入 CLOSING 连接状态。

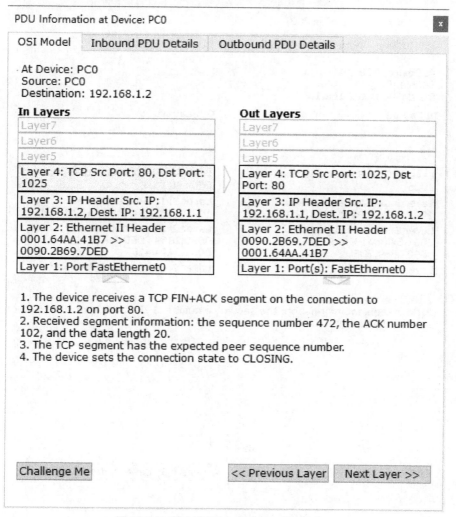

图 12-21 第九个 TCP 事件的 PDU 信息 1

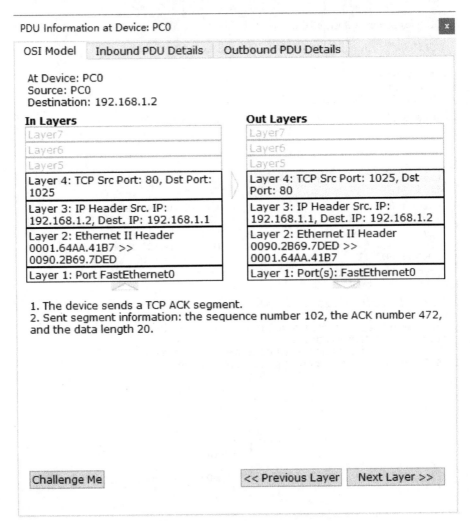

图 12-22　第九个 TCP 事件的 PDU 信息 2

点击 Event List 区域中第十个 TCP 事件的 Info 列，打开 PDU Information 窗口，点击 OSI Model 选项卡中 In Layers 的 Layer4，如图 12-23 所示。Server0 收到 TCP ACK 报文段后，将其连接状态设置为 CLOSED。

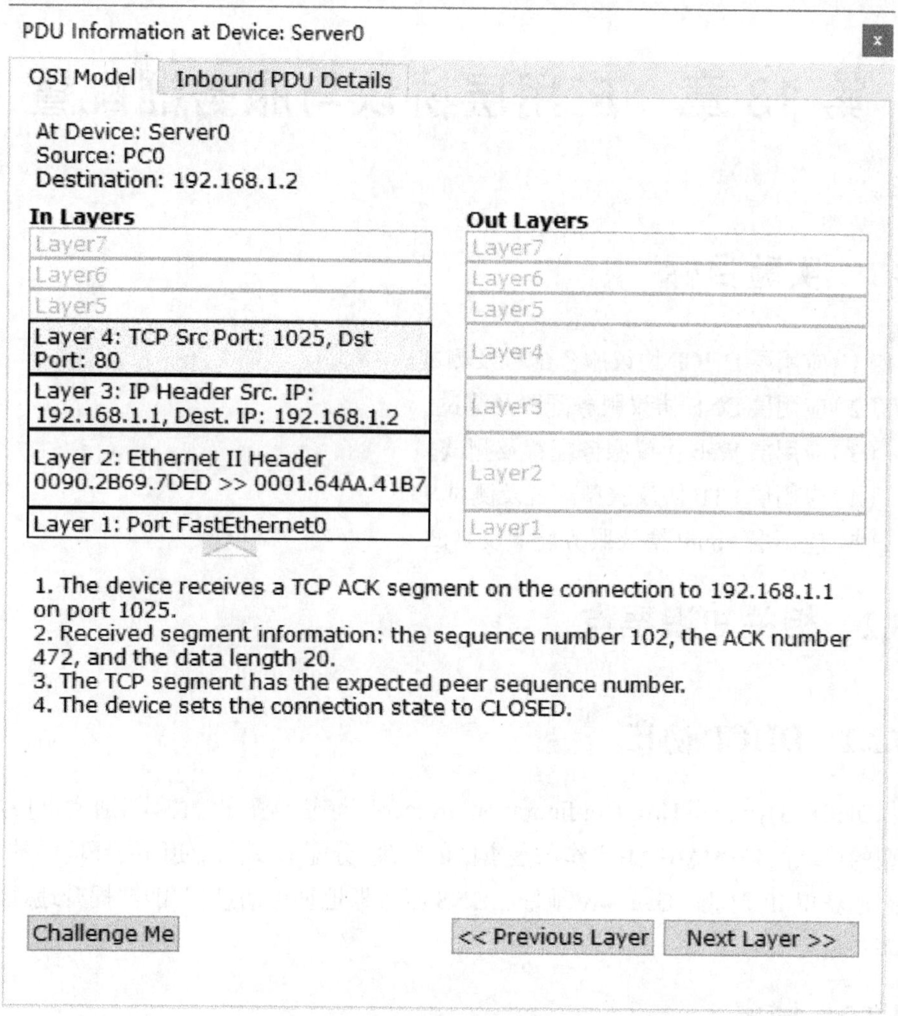

PDU Information at Device: Server0　　　　　　　　　　　　　　　　x

OSI Model　　Inbound PDU Details

At Device: Server0
Source: PC0
Destination: 192.168.1.2

In Layers　　　　　　　　　　　　　　**Out Layers**

Layer7　　　　　　　　　　　　　　　　Layer7

Layer6　　　　　　　　　　　　　　　　Layer6

Layer5　　　　　　　　　　　　　　　　Layer5

Layer 4: TCP Src Port: 1025, Dst
Port: 80　　　　　　　　　　　　　　　　Layer4

Layer 3: IP Header Src. IP:
192.168.1.1, Dest. IP: 192.168.1.2　　　Layer3

Layer 2: Ethernet II Header
0090.2B69.7DED >> 0001.64AA.41B7　　Layer2

Layer 1: Port FastEthernet0　　　　　　Layer1

1. The device receives a TCP ACK segment on the connection to 192.168.1.1
on port 1025.
2. Received segment information: the sequence number 102, the ACK number
472, and the data length 20.
3. The TCP segment has the expected peer sequence number.
4. The device sets the connection state to CLOSED.

Challenge Me　　　　　　　　　<< Previous Layer　　Next Layer >>

图 12-23　第十个 TCP 事件的 PDU 信息

至此,本实验结束。学生在实验结束后,按照实验报告格式要求书写实验报告。

扫一扫:本章实验结果

第 13 章　应用层协议与服务器配置

13.1　实验目标

（1）应用层 DHCP 协议服务配置及测试。
（2）应用层 DNS 协议服务配置及测试。
（3）应用层 Web 协议服务配置及测试。
（4）应用层 FTP 协议服务配置及测试。
（5）应用层 Email 协议服务配置及测试。

13.2　相关知识要点

13.2.1　DHCP 协议

DHCP（Dynamic Host Configuration Protocol,动态主机配置协议）通常被应用在大型的局域网络环境中,主要作用是集中的管理、分配 IP 地址,使网络环境中的主机动态地获得 IP 地址、Gateway 地址、DNS 服务器地址等信息,并能够提升地址的使用率。

13.2.2　域名

域名（domain name）是 Internet 上某一台计算机或计算机组的名称,用于在数据传输时标识计算机的电子方位（有时也指地理位置）。域名是由一串用点分隔的名字组成的,通常包含组织名,而且始终包括两到三个字母的后缀,以指明组织的类型或该域所在的国家或地区。

13.2.3　DNS 服务器

DNS（Domain Name Server,域名服务器）是进行域名和与之相对应的 IP 地址（IP address）转换的服务器。DNS 中保存了一张域名和与之相对应的 IP 地址的表,以解析消息的域名。

13.2.4　Web 服务器

Web 服务器(Web Server)一般指网站服务器,是指驻留于 Internet 上某种类型计算机的程序,可以向浏览器等 Web 客户端提供文档,也可以放置网站文件,让全世界浏览;可以放置数据文件,让全世界下载。

目前,最主流的 3 个 Web 服务器是 Apache、Nginx、IIS。

13.2.5　FTP 协议

FTP(File Transfer Protocol,文件传输协议)用于 Internet 上的控制文件的双向传输。用户通过一个支持 FTP 协议的客户机程序,连接到在远程主机上的 FTP 服务器程序。用户通过客户机程序向服务器程序发出命令,服务器程序执行用户所发出的命令,并将执行的结果返回到客户机。

13.2.6　Email 协议

常用的 Email 电子邮件协议有 SMTP、POP3、IMAP4 协议等,它们都隶属于TCP/IP 协议簇,默认状态下,分别通过 TCP 端口 25、110 和 143 建立连接。

SMTP 的全称是 "Simple Mail Transfer Protocol",即简单邮件传输协议。它是一组用于从源地址到目的地址传输邮件的规范,通过它来控制邮件的中转方式。

POP 邮局协议负责从邮件服务器中检索电子邮件。

IMAP 互联网信息访问协议是一种优于 POP 的新协议。和 POP 一样, IMAP 也能下载邮件、从服务器中删除邮件或询问是否有新邮件,但 IMAP 克服了 POP 的一些缺点。

13.3　实验内容与步骤

实验 13.1　DNS、DHCP、FTP、Web、Email 服务器综合实验

【实验环境】

Cisco Packet Tracer 网络实验平台。

【模拟器材】

Server 5 台、直连线 7 根、PC 2 台、SmartDevice 2 台、Cisco 2960 交换机 1 台。

【实验步骤】

步骤 1:打开 Cisco Packet Tracer,新建文件。根据图 13-1 在工作区中建立模拟网络。Server0 至 Server4 分别作为 DHCP 服务器、DNS 服务器、FTP 服务器、Email服务器和 Web 服务器。

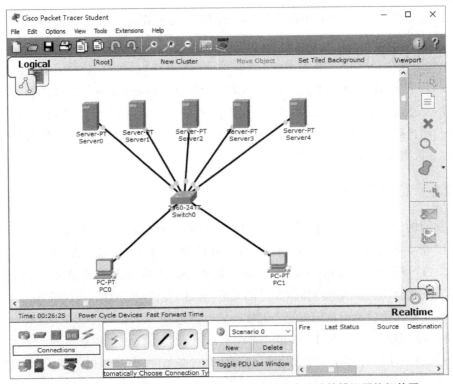

图 13-1　DNS、DHCP、FTP、Web、Email 服务器综合实验的模拟网络拓扑图

步骤 2:配置 Server0 的 IP 地址为 192.168.1.1,子网掩码为 255.255.255.0;配置 Server1 的 IP 地址为 192.168.1.2,子网掩码为 255.255.255.0;配置 Server2 的 IP地址 为 192.168.1.3,子网掩码为 255.255.255.0;配置 Server3 的 IP 地址为192.168.1.4,子网掩码为 255.255.255.0;配置 Server4 的 IP 地址为 192.168.1.5,子网掩码为 255.255.255.0。

步骤 3:打开 DHCP 服务器 Server0 配置窗口,点击 Services 选项卡,点击"HTTP"选项,关闭 HTTP 和 HTTPS,如图 13-2 所示;点击"DNS"选项,关闭 DNS服务,如图 13-3 所示;点击"FTP"选项,关闭 FTP 服务,如图 13-4 所示;点击"EMAIL"选项,关闭 SMTP 和 POP3 服务,如图 13-5 所示。点击"DHCP"选项,打开接口服务,修改 DNS 服务器 IP 地址为 192.168.1.2,开始 IP 地址为 192.168.1.6,子网掩码为 255.255.255.0,点击"Save"按钮保存,如图 13-6 所示。

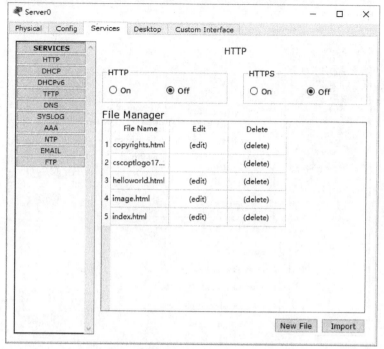

图 13-2　关闭 Server0 的 HTTP 服务

13-3　关闭 Server0 的 DNS 服务

图 13-4   关闭 Server0 的 FTP 服务

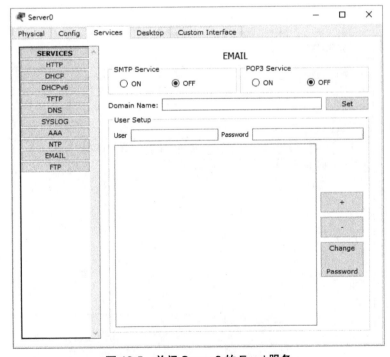

图 13-5   关闭 Server0 的 Emai 服务

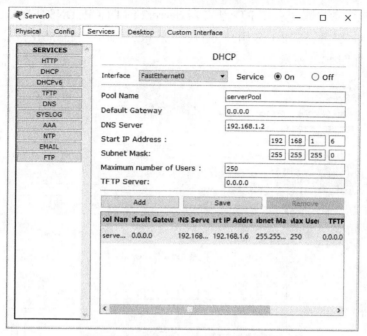

图 13-6　配置 Server0 的 DHCP 服务

步骤 4:参考步骤 3,关闭 DNS 服务器 Server1 的 DHCP、FTP、EMAIL、HTTP 服务,配置 DNS 服务,添加 5 条 A Record 资源记录,如图 13-7 所示。

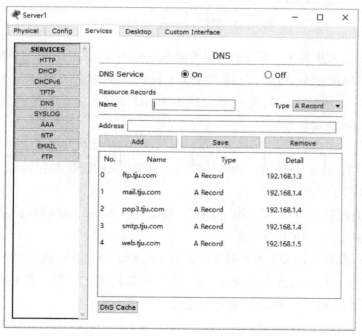

图 13-7　配置 Server1 的 DNS 服务

步骤 5:参考步骤 3,关闭 FTP 服务器 Server2 的 DHCP、DNS、EMAIL、HTTP 服务,配置 FTP 服务,添加 1 名用户,用户名为 tju,密码为 12345678,权限为 Write、Read、List,如图 13-8 所示。

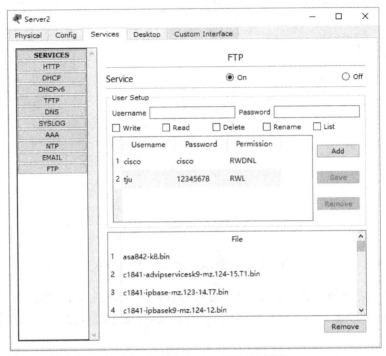

图 13-8　配置 Server2 的 DNS 服务

步骤 6:参考步骤 3,关闭 Email 服务器 Server3 的 DHCP、FTP、DNS、HTTP 服务,配置 EMAIL 服务,打开 SMTP 和 POP3 服务,设置域名为 mail.tju.com。添加 2 名用户,用户1 名称为 tju1,密码为 12345678;用户2 名称为 tju2,密码为 12345678。具体如图 13-9 所示。

步骤 7:参考步骤 3,关闭 Web 服务器 Server4 的 DHCP、FTP、DNS、EMAIL 服务,配置 HTTP 服务,打开 HTTP 和 HTTPS。编辑 index.html,点击"Save"按钮保存。具体如图 13-10 所示。

步骤 8:配置 PC0 和 PC1 使用 DHCP 获取 IP。如图 13-11 所示,可以看到自动获取到了 IP 地址,DHCP 服务成功。

步骤 9:在 PC0 的命令提示符中输入"ftp ftp.tju.com"命令,输入用户名 tju,密码 12345678,登录 FTP 服务成功,使用"dir"命令可以列出 FTP 服务器上所有文件,如图 13-12 所示。验证 FTP 服务、DNS 服务成功。

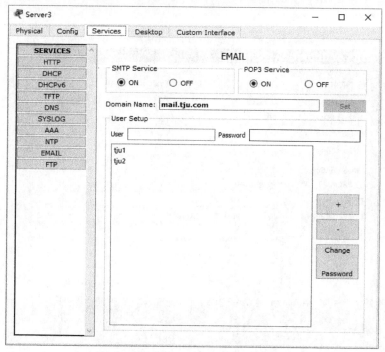

图 13-9　配置 Server3 的 Email 服务

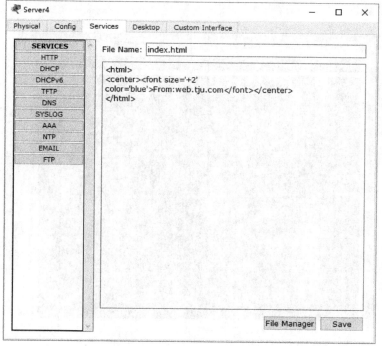

图 13-10　修改 Server4 中 HTTP 服务的 index.html

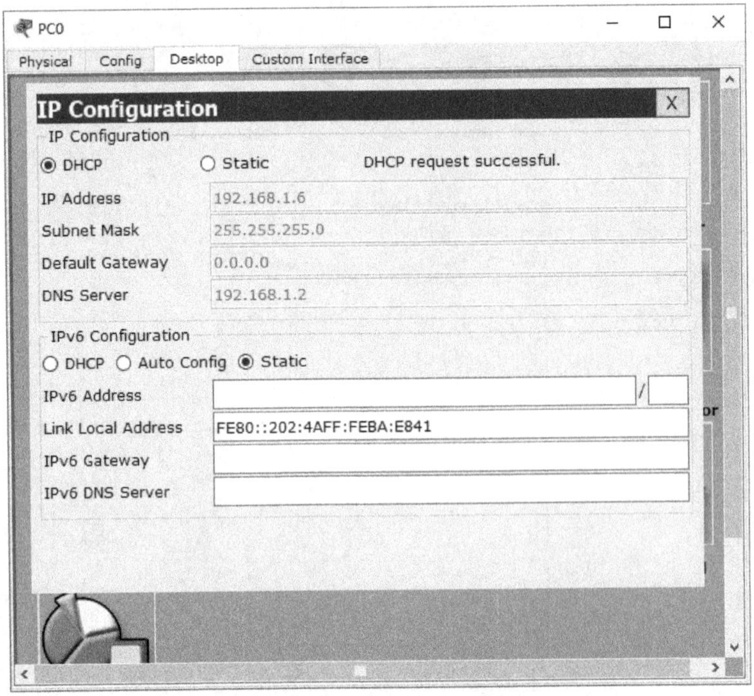

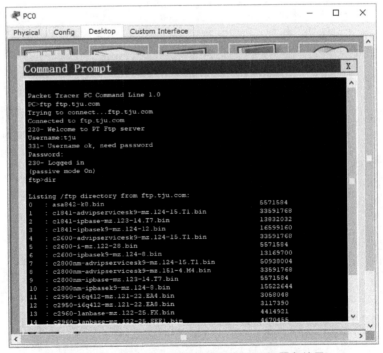

图 13-11　修改 PC0 和 PC1 通过 DHCP 获取 IP

图 13-12　在 PC0 命令提示符中访问 FTP 服务结果

步骤 10：在 PC0 或 PC1 的"Web Browser"中访问"http://web.tju.com"，验证
Web 服务成功，如图 13-13 所示。

图 13-13　PC0 访问 Server4 的 HTTP 服务成功

步骤 11：在 PC0 配置窗口中，点击 Desktop 选项卡中的"Email"按钮。设置用户
信息，用户名为 tju1，Email 地址为 tju1@mail.tju.com；设置收件服务器地址为 pop3.
tju.com，发件服务器地址为 smtp.tju.com；设置登录用户名为 tju1，密码为 12345678，
如图 13-14 所示。

步骤 12：参考步骤 11，在 PC1 中设置用户信息，用户名为 tju2，Email 地址为
tju1@mail.tju.com；设置收件服务器地址为 pop3.tju.com，发件服务器地址为 smtp.tju.
com；设置登录用户名为 tju2，密码为 12345678。

步骤 13：再次在 PC0 配置窗口中点击 Desktop 选项卡中的"Email"按钮，进入
MAIL BROWSER。点击"Compse"，编辑新邮件，收件人为 tju2@ mail.tju.com，主题
为 Hello，内容为"Hello World!"，如图 13-15 所示。完成后点击"Send"发送，可以在
图 13-16 中看到邮件发送成功。

步骤 14：再次在 PC1 配置窗口中点击 Desktop 选项卡中的"Email"按钮，进入
MAIL BROWSER。点击"Receive"，接收新邮件，可以接收到步骤 13 中发送的邮件，
选中后可以看到具体内容，如图 13-17 所示。验证 Email 服务成功。

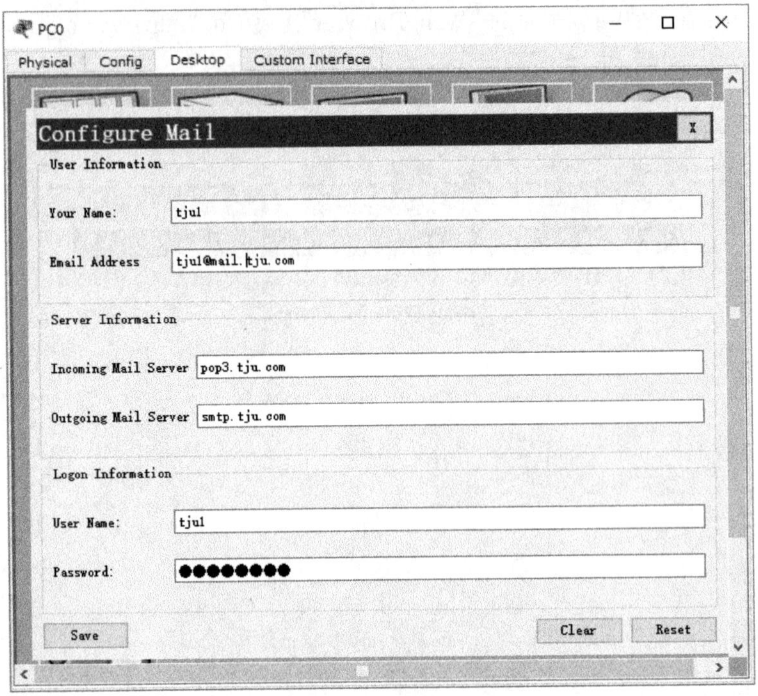

图 13-14 PC0 的 Email 配置

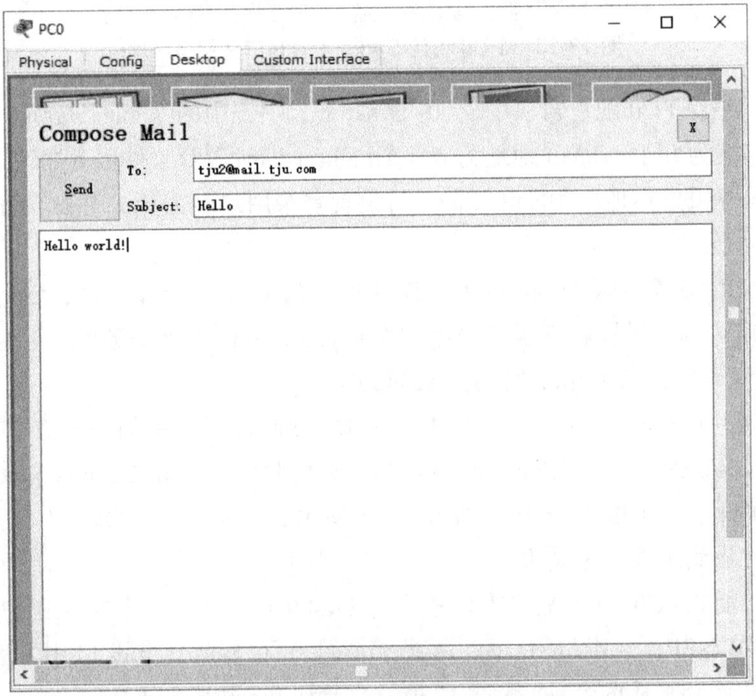

图 13-15 编辑 Email 内容

图 13-16　Email 发送成功

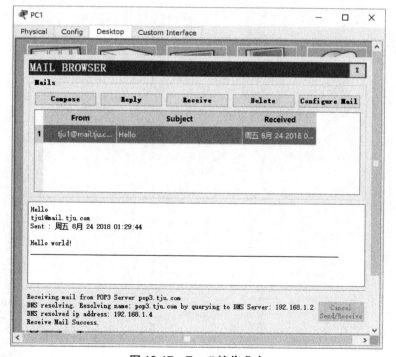

图 13-17　Email 接收成功

至此,本实验结束。学生在实验结束后,按照实验报告格式要求书写实验报告。

扫一扫:本章实验结果

* 第 14 章　计算机网络安全与管理

14.1　实验目标

（1）理解标准 IP 访问控制列表 ACL 的原理及功能。

（2）掌握标准 IP 访问控制列表 ACL 的配置方法。

（3）掌握 IPsec VPN 网络的基本搭建和配置方法。

14.2　相关知识要点

14.2.1　访问控制列表 ACL

访问控制列表（Access Control List，ACL）是路由器和交换机接口的指令列表，用来控制端口进出的数据包。ACL 通过定义一些规则对网络设备接口上的数据报文进行控制，允许通过或丢弃，从而提高网络的可管理性和安全性。IP ACL 分为两种：标准 IP 访问列表和扩展 IP 访问列表，编号范围为 1~99、1300~1999、100~199、2000~2699。标准 IP 访问控制列表可以根据数据包的源 IP 地址定义规则，进行数据包的过滤。扩展 IP 访问列表可以根据数据包的原 IP、目的 IP、源端口、目的端口、协议来定义规则，进行数据包的过滤。IP ACL 基于接口进行规则的应用，分为入栈应用和出栈应用。

14.2.2　IPSec VPN

IPSec VPN 是指采用 IPSec 协议来实现远程接入的一种 VPN 技术，其中 IPSec 的全称为 Internet Protocol Security，是由 Internet Engineering Task Force（IETF）定义的安全标准框架，用以提供公用和专用网络的端对端加密和验证服务。

14.3 实验内容与步骤

实验 14.1 标准访问控制列表配置

【实验环境】

Cisco Packet Tracer 网络实验平台。

【模拟器材】

PC 2 台、Router-PT 路由器 2 台、交叉线 3 根、DCE 串口线 3 根、Server 1 台。

【实验步骤】

步骤 1:打开 Cisco Packet Tracer,新建文件。根据图 14-1 在工作区中建立模拟网络。

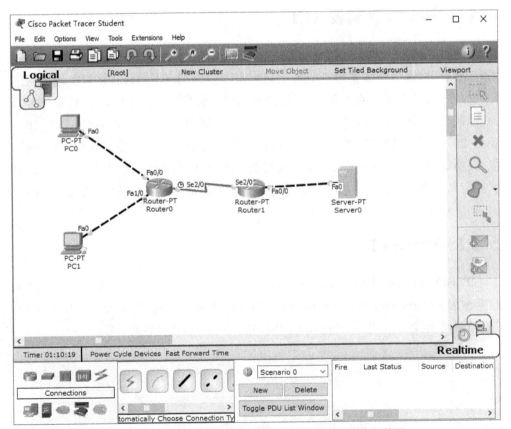

图 14-1 标准 IP 访问控制列表配置实验的模拟网络拓扑图

步骤 2：配置 PC0 的 IP 地址为 172.16.1.2，子网掩码为 255.255.255.0，网关为
172.16.1.1；配置 PC1 的 IP 地址为 172.16.2.2，子网掩码为 255.255.255.0，网关为
172.16.2.1；配置 Server0 的 IP 地址为 172.16.4.2，子网掩码为 255.255.255.0，网关为
172.16.4.1。

步骤 3：依次输入表 14-1 中的命令，配置 Router0。

表 14-1　Router0 配置命令及对应说明

命令	说明
enable	进入特权模式
configure terminal	进入全局配置模式
interface FastEthernet0/0	进入端口 FastEthernet0/0 的配置模式
ip address 172.16.1.1 255.255.255.0	设置 IP 地址为 172.16.1.1/24
no shutdown	启用端口
exit	返回上级配置模式
interface FastEthernet1/0	进入端口 FastEthernet1/0 的配置模式
ip address 172.16.2.1 255.255.255.0	设置 IP 地址为 172.16.2.1/24
no shutdown	启用端口
exit	返回上级配置模式
interface Serial2/0	进入端口 Serial2/0 的配置模式
ip address 172.16.3.1 255.255.255.0	设置 IP 地址为 172.16.3.1/24
no shutdown	启用端口
clock rate 64000	设置时钟频率为 64000
exit	返回上级配置模式
ip route 172.16.4.0 255.255.255.0 172.16.3.2	路由 172.16.4.0/24 到 172.16.3.2

步骤 4：依次输入表 14-2 中的命令，配置 Router1。

表 14-2　Router1 配置命令及对应说明

命令	说明
enable	进入特权模式
configure terminal	进入全局配置模式
interface Serial 2/0	进入端口 Serial2/0 的配置模式
ip address 172.16.3.2 255.255.255.0	设置 IP 地址为 172.16.3.2/24
no shutdown	启用端口
exit	返回上级配置模式
interface FastEthernet0/0	进入端口 FastEthernet0/0 的配置模式
ip address 172.16.4.1 255.255.255.0	设置 IP 地址为 172.16.4.124
no shutdown	启用端口
exit	返回上级配置模式
ip route 0.0.0.0 0.0.0.0 172.16.3.1	路由所有访问到 172.16.3.1

步骤 5：在 PC0 和 PC1 的命令提示符中，执行"ping 172.16.4.2"命令，确认 PC0 和 PC1 均能与 Server0 通信。

步骤 6：依次输入表 14-3 中的命令，配置 Router0。

表 14-3　Router0 配置命令及对应说明

命令	说明
ip access-list standard tju	创建名为 tju 的标准访问控制列表
permit 172.16.1.0 0.0.0.255	允许 172.16.1.0 端地址
exit	返回上级配置模式
interface Serial2/0	进入端口 Serial2/0 的配置模式
ip access-group tju out	将标准访问控制列表 tju 应用到输出端口上
end	保存且退出

步骤 7：重新在 PC0 和 PC1 的命令提示符中执行"ping 172.16.4.2"命令，确认 PC0 能与 Server0 通信，PC1 则不能，显示目标不可达，如图 14-2 所示。

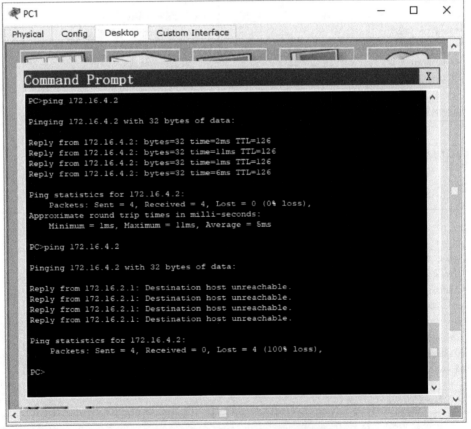

图 14-2　PC1 执行 ping 命令的结果

至此,本实验结束。

实验 14.2　扩展访问控制列表配置

【实验环境】

Cisco Packet Tracer 网络实验平台。

【模拟器材】

PC 1 台、Router-PT 路由器 3 台、交叉线 3 根、DCE 串口线 1 根、Server 1 台。

【实验步骤】

步骤 1:打开 Cisco Packet Tracer,新建文件。根据图 14-3 在工作区中建立模拟
网络。

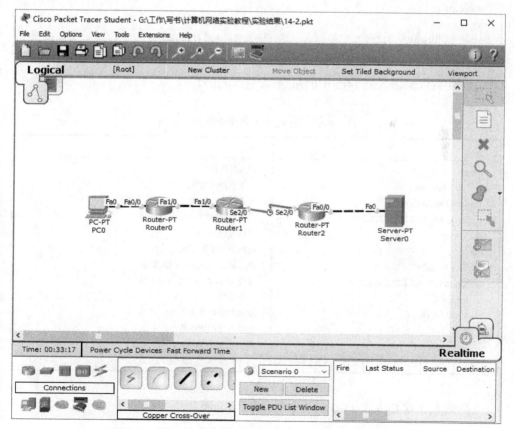

图 14-3　扩展 IP 访问控制列表配置实验的模拟网络拓扑图

步骤 2：配置 PC0 的 IP 地址为 172.16.1.2，子网掩码为 255.255.255.0，网关为 172.16.1.1；配置 Server0 的 IP 地址为 172.16.4.2，子网掩码为 255.255.255.0，网关为 172.16.4.1。

步骤 3：依次输入表 14-4 中的命令，配置 Router0。

表 14-4　Router0 配置命令及对应说明

命令	说明
enable	进入特权模式
configure terminal	进入全局配置模式
interface FastEthernet0/0	进入端口 FastEthernet0/0 的配置模式
ip address 172.16.1.1 255.255.255.0	设置 IP 地址为 172.16.1.1/24
no shutdown	启用端口
exit	返回上级配置模式
interface FastEthernet1/0	进入端口 FastEthernet1/0 的配置模式
ip address 172.16.2.1 255.255.255.0	设置 IP 地址为 172.16.2.1/24
no shutdown	启用端口
exit	返回上级配置模式
ip route 0.0.0.0 0.0.0.0 172.16.2.2	路由所有访问到 172.16.2.2

步骤 3：依次输入表 14-5 中的命令，配置 Router1。

表 14-5　Router1 配置命令及对应说明

命令	说明
enable	进入特权模式
configure terminal	进入全局配置模式
interface FastEthernet1/0	进入端口 FastEthernet1/0 的配置模式
ip address 172.16.2.2 255.255.255.0	设置 IP 地址为 172.16.2.2/24
no shutdown	启用端口
exit	返回上级配置模式
interface Serial2/0	进入端口 Serial2/0 的配置模式
ip address 172.16.3.1 255.255.255.0	设置 IP 地址为 172.16.3.1/24
no shutdown	启用端口
clock rate 64000	设置时钟频率为 64000
exit	返回上级配置模式
ip route 172.16.1.0 255.255.255.0 172.16.2.1	路由 172.16.1.0/24 到 172.16.2.1
ip route 172.16.4.0 255.255.255.0 172.16.3.2	路由 172.16.4.0/24 到 172.16.3.2

步骤 4：依次输入表 14-6 中的命令，配置 Router2。

表 14-6　Router2 配置命令及对应说明

命令	说明
enable	进入特权模式
configure terminal	进入全局配置模式
interface Serial2/0	进入端口 Serial2/0 的配置模式
ip address 172.16.3.2 255.255.255.0	设置 IP 地址为 172.16.3.2/24
no shutdown	启用端口
exit	返回上级配置模式
interface FastEthernet0/0	进入端口 FastEthernet0/0 的配置模式
ip address 172.16.4.1 255.255.255.0	设置 IP 地址为 172.16.4.1/24
no shutdown	启用端口
exit	返回上级配置模式
ip route 0.0.0.0 0.0.0.0 172.16.3.1	路由所有访问到 172.16.3.1

步骤 5：在 PC0 的命令提示符中，执行"ping 172.16.4.2"命令，确认 PC0 能与 Server0 通信。在 PC0 的"Web Browser"中能访问"http:// 172.16.4.2"。

步骤 6：依次输入表 14-7 中的命令，配置 Router1。

表 14-7　Router1 配置命令及对应说明

命令	说明
access-list 100 permit tcp host 172.16.1.2 host 172.16.4.2 eq www	创建编号为 100 的 ACL，允许 TCP 协议，源主机 172.16.1.2，目标主机 172.16.4.2，端口 80
access-list 100 deny icmp host 172.16.1.2 host 172.16.4.2 echo	创建编号为 100 的 ACL，禁止 ICMP 协议，源主机 172.16.1.2，目标主机 172.16.4.2
interface Serial2/0	进入端口 Serial2/0 的配置模式
ip access-group 100 out	将编号为 100 的扩展 ACL 应用到输出端口上

步骤 5：在 PC0 的命令提示符中，执行"ping 172.16.4.2"命令，PC0 不能与 Server0 通信，显示目标不可达。在 PC0 的"Web Browser"中能访问"http:// 172.16.4.2"。

实验 14.3　IPSec VPN 配置

【实验环境】

Cisco Packet Tracer 网络实验平台。

【模拟器材】

PC 2 台、2811 路由器 3 台、交叉线 4 根。

【实验背景】

实现不同子网的私有地址之间能够通信。

【实验步骤】

步骤 1：打开 Cisco Packet Tracer，新建文件。根据图 14-4 在工作区中建立模拟网络。

步骤 2：配置 PC0 的 IP 地址为 192.168.1.1，子网掩码为 255.255.255.0，网关为 192.168.1.254；配置 PC1 的 IP 地址为 192.168.2.1，子网掩码为 255.255.255.0，网关为 192.168.2.254。

步骤 3：依次输入表 14-8 中的命令，配置 Router0。

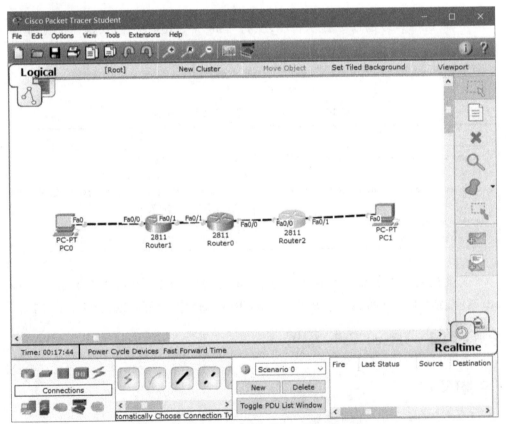

图 14-4　　IPSec VPN 配置实验的模拟网络拓扑图

表 14-8　Route0 配置命令及对应说明

命令	说明
enable	进入特权模式
configure terminal	进入全局配置模式
interface FastEthernet0/0	进入端口 FastEthernet0/0 的配置模式
ip address 200.1.1.1 255.255.255.0	设置 IP 地址为 200.1.1.1/24
no shutdown	启用端口
exit	返回上级配置模式
interface FastEthernet0/1	进入端口 FastEthernet0/1 的配置模式
ip address 100.1.1.1 255.255.255.0	设置 IP 地址为 100.1.1.1/24
no shutdown	启用端口
exit	返回上级配置模式

步骤 4：依次输入表 14-9 中的命令，配置 Route1。

表 14-9　Route1 配置命令及对应说明

命令	说明
enable	进入特权模式
configure terminal	进入全局配置模式
crypto isakmp policy 1	创建一个 isakmp 策略，编号为 1
encryption 3des	加密方式为 3des
hash md5	哈希算法为 md5
authentication pre-share	采用预共享密码
crypto isakmp key example address 200.1.1.2	配置对等体 200.1.1.2 的预共享密码为 example
crypto ipsec transform-set testtag ah-md5-hmac esp-3des	创建一个名为 testtag 的 IPSec 转化集，采用 3des 加密，md5 哈希
access-list 101 permit ip 192.168.1.0 0.0.0.255 192.168.2.0 0.0.0.255	定义编号为 101 的 ACL，允许通过 192.168.1.0 段到 192.168.2.0 段通信
crypto map test 10 ipsec-isakmp	创建加密图，名为 test，编号 10
set peer 200.1.1.2	制定对等体 200.1.1.2
set transform-set testtag	采用转换集 testtag
match address 101	指明匹配 ACL 为 101 的流量为 VPN 流量
exit	返回上级配置模式
interface FastEthernet0/0	进入端口 FastEthernet0/0 的配置模式
ip address 192.168.1.254 255.255.255.0	设置 IP 地址为 192.168.1.254/24
no shutdown	启用端口
exit	返回上级配置模式
interface FastEthernet0/1	进入端口 FastEthernet0/1 的配置模式
ip address 100.1.1.2 255.255.255.0	设置 IP 地址为 100.1.1.2/24
no shutdown	启用端口
crypto map test	应用加密图 test
exit	返回上级配置模式
ip route 0.0.0.0 0.0.0.0 100.1.1.1	路由所有访问到 100.1.1.1

步骤 5：依次输入表 14-3 中的命令，配置 Route10。

表 14-3　Route10 配置命令及对应说明

命令	说明
enable	进入特权模式
configure terminal	进入全局配置模式
crypto isakmp policy 1	创建一个 isakmp 策略，编号为 1
encryption 3des	加密方式为 3des
hash md5	哈希算法为 md5
authentication pre-share	采用预共享密码
crypto isakmp key example address 100.1.1.2	配置对等体 200.1.1.2 的预共享密码为 example
crypto ipsec transform-set testtag ah-md5-hmac esp-3des	创建一个名为 testtag 的 IPSec 转化集，采用 3des 加密，md5 哈希
access-list 101 permit ip 192.168.2.0 0.0.0.255 192.168.1.0 0.0.0.255	定义编号为 101 的 ACL，允许通过 192.168.2.0 段到 192.168.1.0 段通信
crypto map test 10 ipsec-isakmp	创建加密图，名为 test，编号 10
set peer 100.1.1.2	制定对等体 100.1.1.2
set transform-set testtag	采用转换集 testtag
match address 101	指明匹配 ACL 为 101 的流量为 VPN 流量
exit	返回上级配置模式
interface FastEthernet0/0	进入端口 FastEthernet0/0 的配置模式
ip address 200.1.1.2 255.255.255.0	设置 IP 地址为 200.1.1.2/24
no shutdown	启用端口
crypto map test	应用加密图 test
exit	返回上级配置模式
interface FastEthernet0/1	进入端口 FastEthernet0/1 的配置模式
ip address 192.168.2.254 255.255.255.0	设置 IP 地址为 192.168.2.254 24
no shutdown	启用端口
exit	返回上级配置模式
ip route 0.0.0.0 0.0.0.0 200.1.1.1	路由所有访问到 200.1.1.1

步骤 6：在 PC0 的命令提示符中，执行"ping 192.168.2.1"命令，在 PC1 的命令提示符中，执行"ping 192.168.1.1"命令，确认 PC0 和 PC1 之间能通信。

至此，本实验结束。学生在实验结束后，按照实验报告格式要求书写实验报告。

扫一扫：本章实验结果

* 第 15 章　计算机网络发展前沿

15.1　实验目标

（1）了解计算机网络的前沿技术发展状况。

（2）了解物联网、5G、云计算和大数据的相关知识。

（3）学会利用中国互联网信息中心 CNNIC 网站等相关技术网站学习计算机网络的前沿技术发展状况。

（4）学会针对物联网、5G、云计算或大数据等最新计算机网络相关技术领域其中的一个领域,利用中国物联网、IEEE 5G 论坛、云计算世界、大数据世界等最新技术网站快速学习相关知识。

（5）学会针对物联网、5G、云计算或大数据等最新计算机网络相关技术领域其中的一个领域,撰写完成一份相关研究报告。

15.2　相关知识要点

15.2.1　物联网

国际电信联盟（ITU）发布的 ITU 互联网报告,对物联网（Internet of Things,IOT）做了如下定义:通过二维码识读设备、射频识别（RFID）装置、红外感应器、全球定位系统和激光扫描器等信息传感设备,按约定的协议,把任何物品与互联网相连接,进行信息交换和通信,以实现智能化识别、定位、跟踪、监控和管理的一种网络。

15.2.2　5G

第五代移动电话行动通信标准,也称第五代移动通信技术,英语缩写为 5G,是第四代移动通信技术 4G 之后的延伸,目前各国仍在研究过程中, 5G 网络的理论下行速度为 10 Gb/s(下载速度为 1.25 GB/s)。

15.2.3　云计算

云计算(cloud computing)是一种按使用量付费的模式,这种模式提供可用的、便捷的、按需的网络访问，进入可配置的计算资源共享池（资源包括网络、服务器、存储、应用软件、服务），这些资源能够被快速提供，只需投入很少的管理工作，或与服务供应商进行很少的交互。

15.2.4　大数据

大数据（big data）是指无法在一定时间范围内用常规软件工具进行捕捉、管理和处理的数据集合，是需要新处理模式才能具有更强的决策力、洞察发现力和流程优化能力的海量、高增长率和多样化的信息资产，且有 4 个基本特征，即容量大（volume）、可变性（varity）、速度快（velocity）和具有价值（value）。

15.3　实验内容与步骤

实验 15.1　物联网发展前沿研究报告

通过访问中国互联网信息中心 CNNIC 网站（http://www.cnnic.cn/research/）了解物联网的整体发展情况。然后访问中国物联网网站（http://www.iotcn.org.cn）等相关技术网站，深入了解物联网最新发展情况，并通过自己的语言归纳总结当前物联网发展最新趋势，撰写出一份不少于 2 000 字的物联网发展前沿研究报告。

实验 15.2　5G 发展前沿研究报告

通过访问中国互联网信息中心 CNNIC 网站（http://www.cnnic.cn/research/）了解5G 技术的整体发展情况。然后访问 IEEE 5G 世界论坛（http://ieee-wf-5g.org/）或是华为技术有限公司（https://www.huawei.com/cn/industry-insights/outlook/mobile-broadband）的行业洞察—移动宽带板块等相关技术网站，深入了解 5G 技术的最新发展情况，并通过自己的语言归纳总结当前 5G 发展的最新趋势，撰写出一份不少于 2 000 字的 5G 发展前沿研究报告。

实验 15.3　云计算发展前沿研究报告

通过访问中国互联网信息中心 CNNIC 网站（http://www.cnnic.cn/research/）了解云计算技术的整体发展情况。然后访问云计算世界（http://www.chinacloud.cn/）或是中国信息产业网—云计算板块（http://www.cnii.com.cn/incloud/index.html）等相关技术网站，深入了解云计算最新发展情况，并通过自己的语言归纳总结当前云计算发展最新趋势，撰写出一份不少于 2 000 字的云计算发展前沿研究报告。

实验 15.4　大数据发展前沿研究报告

通过访问中国互联网信息中心 CNNIC 网站(http://www.cnnic.cn/research/)了解大数据技术的整体发展情况。然后通过选择阅读维克托·迈尔·舍恩伯格的《大数据时代》一书或是通过访问大数据世界(http://www.thebigdata.cn/)等相关技术网站,深入了解大数据的前沿技术发展情况,并通过自己的语言归纳总结当前大数据发展最新趋势,撰写出一份不少于 2 000 字的大数据发展前沿研究报告。

附录 A　Wireshark 网络分析工具简介

　　Wireshark 是世界上最流行的网络分析工具,可以捕获网络中的数据,并为用户提供关于网络和上层协议的各种信息。Wireshark 可以捕获多种网络接口类型的包,可以打开多种网络分析软件捕获的包,支持许多协议的解码。可以使用 Wireshark 检测网络安全隐患、解决网络问题,也可以用来学习网络协议、测试协议执行情况等。

　　Wireshark 使用界面如附图 A-1 所示。其中 1 号部分为菜单栏,自左向右分别为文件、编辑、查看、转到、捕获、分析、统计、帮助主菜单,点击分别展开子菜单项。2 号部分为主工具栏,此栏提供了文件菜单中菜单按钮的快捷方式,鼠标指针移动到某个图标上即可获得其具体功能说明。3 号部分为显示过滤器,用于查找捕获记录中的内容。4 号部分为封包列表,其中显示所有已经捕获的封包,可以查看到发送或接收方的 MAC/IP 地址、端口号、协议或者封包内容。5 号部分为封包详细信息,显示在封包列表中被选中项的详细信息。6 号部分为解析面板,也被叫作 16 进制数据查看

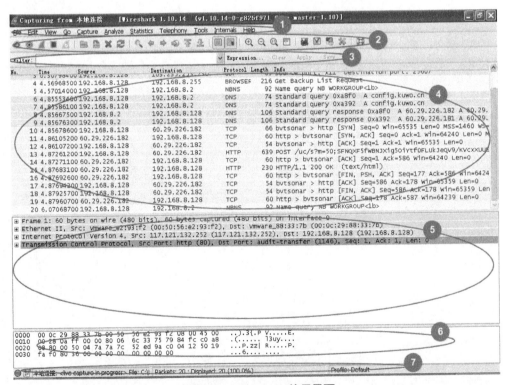

附图 A-1　Wireshark 使用界面

面板,显示内容与封包详细信息相同,只是改为 16 进制表述。7 号部分为杂项,在程序的最下端,显示如下信息:正在进行捕获的网络设备,捕获是否已经开始或者停止、捕获结果保存位置,已捕获的数据量,已捕获封包的数量,显示的封包数量,被标记的封包数量。

附录 B　Cisco Packet Tracer 网络仿真工具软件简介

Cisco Packet Tracer 是 Cisco 公司开发的网络仿真工具软件,是一个为网络学习者设计的用于设计、配置和解决复杂问题的基于 CCNA 层次的可视化学习平台。用户可以在软件的图形用户界面上直接使用拖曳方法建立网络拓扑,并可提供数据包在网络中行进的详细处理过程,观察网络实时运行情况,可以学习 IOS 的配置、锻炼故障排查能力。该软件以其方便性和真实性被广泛接受,它可以用来模拟 CCNA 全部实验以及部分 CCNP 实验。

Cisco Packet Tracer 主要有如下几个方面的特点。

(1)支持多协议模型:支持常用协议 HTTP、DNS、TFTP、Telnet、TCP、UDP、Single Area OSPF、DTP、VTP、STP,同时支持 IP、Ethernet、ARP、wireless、CDP、Frame Relay、PPP、HDLC、inter-VLAN routing、ICMP 等协议模型。

(2)支持大量设备仿真模型:路由器、交换机、无线网络设备、服务器、各种连接电缆、终端等,这些设备是基于 CISCO 公司的,还能仿真各种模块,在实际实验设备中是无法配置整齐的。提供图形化和终端两种配置方法。各设备模型有可视化的外观仿真。

(3)支持逻辑空间和物理空间的设计模式:逻辑空间模式用于进行逻辑拓扑结构的实现;物理空间模式支持构建城市、楼宇、办公室、配线间等虚拟设置。

(4)可视化的数据报表示工具:配置有一个全局网络探测器,可以显示仿真数据报的传送路线,并显示各种模式,前进后退或一步步执行。

(5)数据报传输采用实时模式和仿真模式,实时模式与实际传输过程一样,仿真模式通过可视化模式显示数据报的传输过程,使用户能够将抽象的数据传送具体化。

Cisco Packet Tracer 使用界面如附图 B-1 所示。其中 1 号部分为菜单栏,自左向右为文件、编辑、选项、查看、工具、插件、帮助主菜单,点击分别展开子菜单项。2 号部分为主工具栏,此栏提供了文件菜单中菜单按钮的快捷方式。3 号部分为常用工具栏,包括选择、备注、删除、查看、添加简单数据包和添加复杂数据包等。4 号部分为逻辑 / 物理工作区转换栏,点击此栏中的按钮,可以完成逻辑工作区和物理工作区之间的转换。5 号部分为工作区,在此区域中可以创建网络拓扑、监视模拟过程、查看各种信息和统计数据。6 号部分为实时 / 模拟转换栏,点击此栏中的按钮完成实时模式和模拟模式之间的转换。7 号部分为网络设备库,其中左侧的 8 号部分为设备类型库,右侧的 9 号部分为特定设备库。设备类型库包括不同类型的设备,如路由器、交换机、集线器、无线设备、连线、终端设备等。特定设备库包括不同型号的设备,随着设备类型库的选择级联显示。10 号部分为用户数据包窗口,用于管理用户添加的数据包。

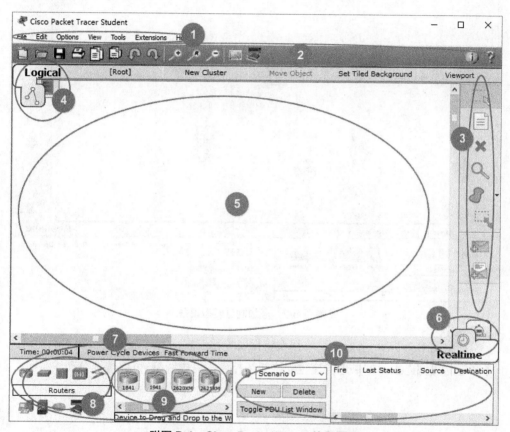

附图 B-1　Cisco Packet Tracer 使用界面

如附图 B-2 所示,假设需要在工作区中添加一个 Cisco 2960 交换机。首先在设备类型库中选择交换机,特定类型库中单击 Cisco 2960 交换机,然后在工作区中单击一下就可以把 Cisco 2960 交换机添加到工作区中。可以用同样的方法添加两台 PC。可以按住【Ctrl】键再单击相应的设备以连续添加设备。

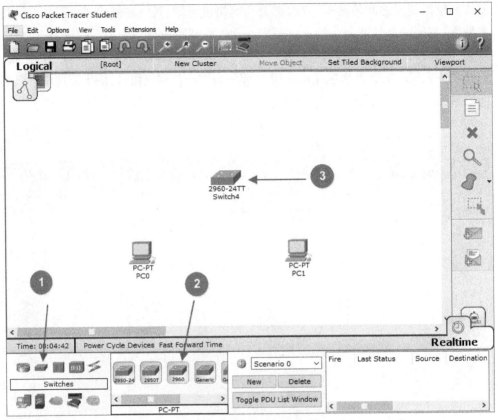

附图 B-2　添加制订类型设备

　　如附图 B-3 所示,选取合适的线型将设备连接起来。可以根据设备间不同接口选择特定的线型连接。如果想快速建立网络拓扑而不考虑线型,可以选择自动线型。

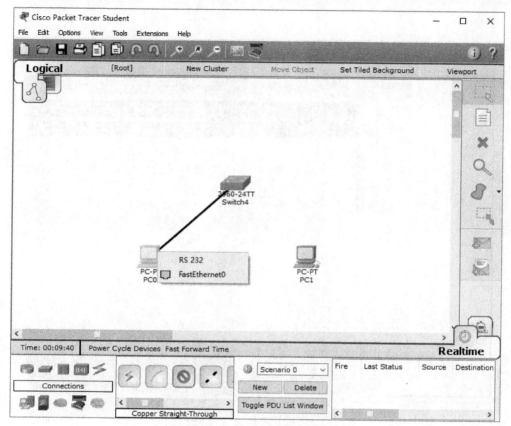

附图 B-3　选择线缆连接设备

　　如附图 B-4 所示，单击工作区中的设备，可以打开设备的配置窗口。Physical 选项卡用于硬件模块管理，Config 用于设备的简单图形界面下配置。CLI 用于命令行下对设备进行全面配置。

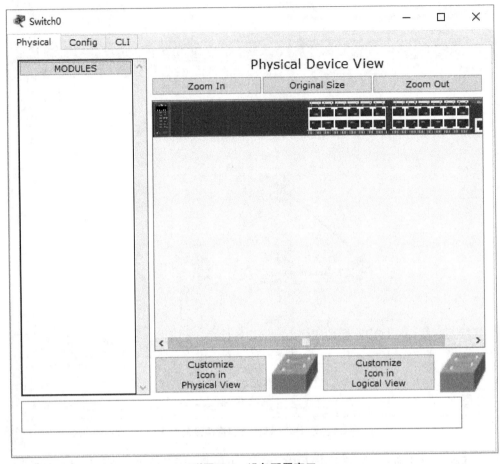

附图 B-4　设备配置窗口

　　如附图 B-5 所示,连接好设备,点击实时 / 模拟转换栏切换到模拟模式,点击 "Auto Capture / Play" 按钮,可以进行演示数据包的传递及数据包捕获,再次点击 "Auto Capture / Play" 按钮,可以停止演示和捕获。

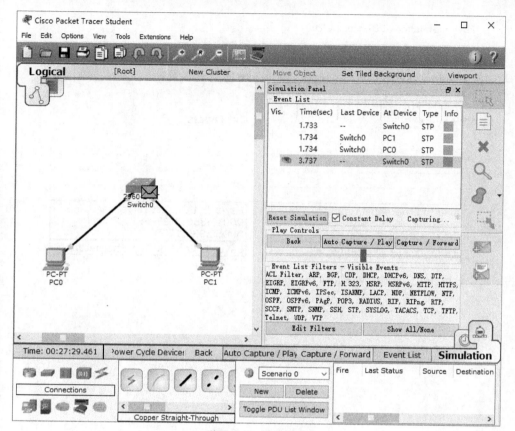

附图 B-5　模拟模式

　　如附图 B-6 所示,点击捕获的数据包对应的"Info"按钮,可以看到数据包的详细信息。

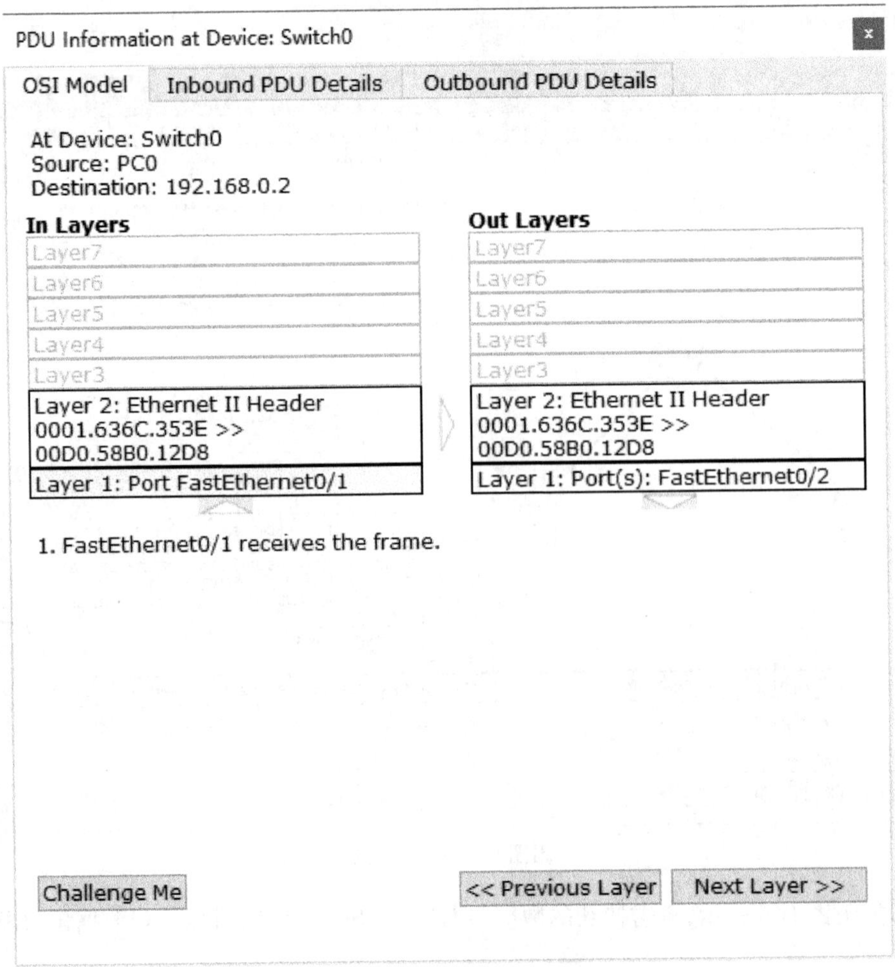

PDU Information at Device: Switch0   ×

OSI Model   Inbound PDU Details   Outbound PDU Details

At Device: Switch0
Source: PC0
Destination: 192.168.0.2

In Layers   **Out Layers**

Layer7   Layer7
Layer6   Layer6
Layer5   Layer5
Layer4   Layer4
Layer3   Layer3

Layer 2: Ethernet II Header   Layer 2: Ethernet II Header
0001.636C.353E >>   0001.636C.353E >>
00D0.58B0.12D8   00D0.58B0.12D8

Layer 1: Port FastEthernet0/1   Layer 1: Port(s): FastEthernet0/2

1. FastEthernet0/1 receives the frame.

Challenge Me   << Previous Layer   Next Layer >>

附图 B-6　数据包详细信息

参 考 文 献

[1] KUROSE J, ROSS K. Computer networking: a top down approach [M]. 7th . Addison-Wesley & Person Education，2017.

[2] TANENBAUM A S, DAVID J W. Computer networks [M]. 5th. Prentice Hall，2010.

[3] STALLINGS W. Data and computer communication [M]. 8th. Pearson Prentice Hall，2007.

[4] KUROSE J, ROSS K. 计算机网络：自顶向下方法 [M]. 7 版. 北京：机械工业出版社，2018.

[5] 谢希仁. 计算机网络 [M]. 7 版. 北京：电子工业出版社，2017.

[6] FALL K R, STEVENS R W. TCP/IP 详解·卷 1：协议 [M]. 2 版. 北京：机械工业出版社，2014.

[7] COMER D E. 用 TCP/IP 进行网际互连 [M]. 北京：电子工业出版社，2013 .

[8] TANENBAUM A S, WETHERALL D J. 计算机网络 [M]. 5 版. 北京：清华大学出版社，2012.

[9] ODOM W, KNOTT T. 思科网络技术学院教程（CCNA1：网络基础)[M]. 北京：人民邮电出版社，2008.

[10] 袁连海,陆利刚,胡晓玲,等.计算机网络实验教程 [M]. 北京：清华大学出版社，2018.

[11] 钱德沛,张力军.计算机网络实验教程 [M]. 北京：高等教育出版社，2017.

[12] 王盛邦.计算机网络实验教程 [M]. 2 版. 北京：清华大学出版社，2017.

[13] 马丽梅,王方伟.计算机网络安全与实验教程 [M].2 版. 北京：清华大学出版社，2016.

[14] 何怀文,肖涛,傅瑜.计算机网络实验教程 [M]. 北京：清华大学出版社，2013.

[15] 李名世,费嘉,吴德文,等.计算机网络实验教程 [M]. 北京：高等教育出版社，2009.